河南省工程建设标准

河南省城镇控水防尘海绵型道路技术规程

Henan technical specification for town rainfall
conservaion and dust controlling sponge
style streets

DBJ41/T 164—2016

主编单位:郑州市市政工程总公司

　　　　　郑州市市政工程勘测设计研究院

批准单位:河南省住房和城乡建设厅

实施日期:2017 年 1 月 1 日

U0364453

黄河水利出版社

2016　郑州

图书在版编目(CIP)数据

河南省城镇控水防尘海绵型道路技术规程/郑州市市政工程总公司,郑州市市政工程勘测设计研究院主编. —郑州:黄河水利出版社,2016.12

ISBN 978 - 7 - 5509 - 1665 - 4

Ⅰ.①河…　Ⅱ.①郑…　②郑…　Ⅲ.①城市道路 - 道路工程 - 河南 - 技术规范　Ⅳ.①U415 - 65

中国版本图书馆 CIP 数据核字(2016)第 307536 号

出　版　社:黄河水利出版社
　　　　　地址:河南省郑州市顺河路黄委会综合楼 14 层　邮政编码:450003
发行单位:黄河水利出版社
　　　　　发行部电话:0371 - 66026940、66020550、66028024、66022620(传真)
　　　　　E-mail:hhslcbs@126.com
承印单位:河南承创印务有限公司
开本:850 mm × 1 168 mm　1/32
印张:3
字数:75 千字　　　　　　　　　　　印数:1—1 000
版次:2016 年 12 月第 1 版　　　　　印次:2016 年 12 月第 1 次印刷

定价:30.00 元

河南省住房和城乡建设厅文件

豫建设标〔2016〕82 号

河南省住房和城乡建设厅关于发布河南省工程建设标准《河南省城镇控水防尘海绵型道路技术规程》的通知

各省辖市、省直管县(市)住房和城乡建设局(委),郑州航空港经济综合实验区市政建设环保局,各有关单位:

由郑州市市政工程总公司、郑州市市政工程勘测设计研究院主编的《河南省城镇控水防尘海绵型道路技术规程》已通过评审,现批准为我省工程建设地方标准,编号为 DBJ41/T 164—2016,自2017 年 1 月 1 日在我省施行。

此标准由河南省住房和城乡建设厅负责管理,技术解释由郑州市市政工程总公司、郑州市市政工程勘测设计研究院负责。

河南省住房和城乡建设厅

2016 年 12 月 12 日

前　言

为贯彻执行《河南省蓝天工程行动计划》,强化扬尘综合治理,编制组研究了我省道路扬尘产生及管控现状,针对泥土随雨水迁移、蒸发而产生扬尘的状况,通过采取减少泥水形成及限制泥水流动等技术措施,达到管控道路扬尘的目的。同时,结合了《河南省人民政府办公厅关于推进海绵城市建设的实施意见》,将建设海绵城市理念融入其中,充分利用雨水资源,减少城市热岛效应,并做到与《城市排水工程规划规范》《室外排水设计规范》《城市道路工程设计规范》和《绿色建筑评价标准》等国家标准规范有效衔接,制定本规程。

本规程提出了城镇控水防尘海绵型道路构建的基本原则,以城镇道路低影响开发规划控制目标为依据,明确了城镇控水防尘海绵型道路工程设计、施工及验收过程的内容、要求和方法。

本规程共 8 章,主要技术内容包括:总则、术语和符号、基本规定、设计、施工、验收、环境保护、安全施工。

本规程由河南省住房和城乡建设厅负责管理,由郑州市市政工程总公司(地址:河南省郑州市友爱路 1 号,邮政编码:450007,电子邮件:wujidong@126.com,电话:0371 - 67170367),郑州市市政工程勘测设计研究院(地址:郑州市郑东新区民生路 1 号,邮政编码:450046,电子邮件:zhangjianqiang139@163.com,电话:0371 - 87520101)负责具体技术内容的解释。

主　编　单　位:郑州市市政工程总公司
　　　　　　　　郑州市市政工程勘测设计研究院
参　编　单　位:恒兴建设集团有限公司
　　　　　　　　新乡市市政工程处

　　　　　　　　　安阳市市政工程处

　　　　　　　　　南阳建工集团

　　　　　　　　　河南恒盛市政园林绿化工程有限公司

　　　　　　　　　郑州市建设投资集团有限公司

　　　　　　　　　河南财经政法大学工程管理与房地产学院

　　　　　　　　　荥阳市规划设计中心

主要起草人员：吴纪东　崔亚新　王明远　陈　波　光军伟

　　　　　　　　陈　捷　吕关谊　张双梅　王　坤　邢瑞新

　　　　　　　　乔建伟　代　璐　刘炜嶓　张聚德　李　强

　　　　　　　　张建强　柳振庆　兰和彬　李庆书　何延刚

　　　　　　　　庞冬梅　秦言亮　秦善勇　王巨涛　赵忠心

　　　　　　　　刘伟超　郑金旭　赵要磊　多化勇　申国朝

　　　　　　　　全素梅　郝燕洁　张永亮　王玉芳　多致远

审　查　人　员：栾景阳　胡伦坚　罗付军　宋建学　张　维

　　　　　　　　汤　意　巴松涛

目　　次

1 总 则

1.0.1 为规范我省城镇控水防尘海绵型道路设计、施工及验收，便于雨水收集、利用及扬尘治理，加强工程绿色施工，保证施工质量及安全，制定本规程。

1.0.2 本规程适用于我省城镇控水防尘海绵型道路新建、扩建、改建的工程设计、施工及验收。

1.0.3 城镇控水防尘海绵型道路的设计、施工及验收除应执行本规程外，尚应符合国家现行有关标准的规定。

2 术语和符号

2.1 术 语

2.1.1 城镇控水防尘海绵型道路 town rainfall conservaion and dust controlling sponge style streets

指城镇道路在设计与施工中尽可能地利用低影响开发设施，使道路能够具有海绵的特性，最大限度地利用"渗、滞、蓄、净、用、排"等措施，促进雨水资源的利用和防控道路扬尘的新型道路。

2.1.2 低影响开发 Low impact development

低影响开发(LID)，指在城市开发建设过程中，通过生态化措施，尽可能维持城市开发建设前后水文特征不变，有效缓解不透水面积增加造成的径流总量、径流峰值与径流污染对环境的不利影响。

2.1.3 低影响开发设施 Low impact development facility

指应用在城镇控水防尘海绵型道路中的设施，包括海绵型生态树池、透水铺装、下沉式绿地、下沉式生物滞留带、溢流设施、沉淀池、海绵型雨水口、立箅式进水侧石、挡水堰等。

2.1.4 溢流设施 Overflow facility

布设在下沉式绿地内，与市政雨水系统连接，将绿地内多余的雨水溢流排入城市雨水系统的结构。

2.1.5 海绵型生态树池 Sponge type ecological tree pool

指能够利用树池间区域达到渗水、蓄水、滞水等目的的新型树池结构，包括植草砖结构和串联型树池带等形式。

2.1.6 生态排水 Ecological Sanitation

指城镇道路径流雨水通过有组织的汇流与转输,经截污等预处理后引入道路红线内、外绿地,并通过设置在绿地内的以"渗、滞、蓄、净、用、排"为主要功能的低影响开发设施进行处理的排水方式。

2.1.7　边绿化带 Side greenbelt

指机动车道与非机动车道之间的绿化隔离带。

2.1.8　道路扬尘 Road dust

指道路施工过程及使用过程中形成的积尘,在一定的动力条件(风力、机动车碾压、人群活动等)的作用下进入环境空气中形成的扬尘。

2.1.9　年径流总量控制率 Volume capture ratio of annual rainfall

根据多年日降雨量统计数据分析计算,通过自然和人工强化的渗透、储存、蒸发(腾)等方式,场地内累计全年得到控制(不外排)的雨量占全年总降雨量的百分比。

2.1.10　下沉式绿地 Low elevation greenbelt

低于周边地面标高,可积蓄、下渗雨水的绿地。

2.1.11　下沉式生物滞留带 Low elevation bio-retention

下沉式绿地的一种,指在地势较低的区域通过植物、土壤和微生物系统蓄渗、净化径流雨水的设施,由植物层、蓄水层、土壤层、过滤层等构成。

2.1.12　透水铺装 Permeable pavement

可渗透、滞留和渗排雨水并满足一定要求的路面铺装结构。

2.2　符　号

V—设计调蓄容积,m^3;

H—设计降雨量,mm;

φ—综合雨量径流系数;

F—汇水面积,m^2;

h—下沉式绿地下沉深度,mm;

B—下沉式绿地宽度,m;

L—下沉式绿地长度,m。

3 基本规定

3.0.1 城镇道路低影响开发设施的选择应遵循因地制宜、经济有效、方便易行的原则,在保证道路功能的前提下,满足城镇控水防尘海绵型道路建设的要求。

3.0.2 城镇控水防尘海绵型道路路面排水宜采用生态排水方式,路面雨水宜优先汇入道路红线内绿地。

3.0.3 新建道路设计应考虑低影响开发设施建设需求,宜优先选用下沉式绿化带形式。

3.0.4 已建道路可通过路缘石改造和增加植草沟、溢流口等方式将路面雨水转输到下沉式绿地内。

3.0.5 道路人行道应采用透水铺装;非机动车道宜采用透水沥青路面或透水水泥混凝土路面。

3.0.6 道路横断面设计应便于路面雨水汇入低影响开发设施内。低影响开发设施应通过溢流设施与城市雨水管渠系统相衔接,保证上下游排水系统的通畅。

3.0.7 未规划绿化带的道路,宜利用人行道透水铺装、生态树池、树池间设施带等进行城镇控水防尘海绵型道路设计,其年径流总量控制率可根据实际情况适当调整。

3.0.8 道路绿化带内应采用草、灌木、乔木相结合立体绿化,绿化带内填土表面应采取绿化或透水铺装等防尘措施。

3.0.9 行道树树池宜采用海绵型生态树池,人行道部分雨水可引入树池内蓄存、下渗。

3.0.10 城市立交、高架路宜结合立交绿地及桥下空间布置低影响开发设施,并通过雨水收集系统将立交范围内的路面雨水汇集后引入相关设施。

3.0.11 低影响开发设施内植物应根据水分条件、径流雨水水质等进行选择，宜选择耐盐、耐淹、耐污等能力较强的植物，并满足现行国家标准《城市绿地设计规范》GB 50420 中的相关要求。

3.0.12 城镇道路低影响开发雨水系统的设计除满足本规程的要求外，尚应满足现行行业标准《城市道路工程设计规范》CJJ 37 中相关要求。

4 设 计

4.1 一般规定

4.1.1 城镇道路低影响开发设施规模应结合道路断面形式、汇水面积、年径流总量控制率对应设计降雨量等因素经计算确定,并应满足海绵城市相关控制指标要求,计算公式见式(4.1.1-1)及式(4.1.1-2)。

$$V = \frac{H\varphi F}{1\,000} \qquad (4.1.1-1)$$

$$h = \frac{V}{1\,000LB} \qquad (4.1.1-2)$$

式中 V——设计调蓄容积,m^3;

H——设计降雨量,mm,可参照附录 A 计算取值;

φ——综合雨量径流系数,可参照附表 B 进行加权平均计算;

F——汇水面积,m^2;

h——下沉式绿地下沉深度,mm;

B——下沉式绿地宽度,m;

L——下沉式绿地长度,m。

4.1.2 城镇控水防尘海绵型道路设计宜包含中央绿化带、边绿化带、人行道透水铺装以及生态树池等。

4.1.3 城镇道路绿化带内的低影响开发设施应采取防渗措施。

4.2 横断面设计

4.2.1 人行道透水铺装设计应符合下列规定:

1 人行道透水铺装应采用预制、现浇及其组合等形式,使雨水就地下渗。

2 湿陷性黄土、盐渍土、膨胀土等不良地质区域应采用半透水铺装结构,并符合现行行业标准《透水砖路面技术规程》CJJ/T 188 及《透水水泥混凝土路面技术规程》CJJ/T 135 等的有关规定。

4.2.2 单幅路低影响开发设计应符合下列规定:

1 人行道树池应采用海绵型生态树池结构,海绵型生态树池结构包括植草砖结构、串联型树池带结构等形式。

2 当海绵型生态树池位于湿陷性黄土、盐渍土、膨胀土等不良地质区域时,应在树池底部和周边设置防渗设施,并设置穿孔收集管将树池结构内部雨水引流至城市雨水系统。

3 海绵型生态树池设计应符合下列规定:

1)海绵型生态树池的设计调蓄容积应结合降雨量、降雨控制目标及汇水面类型等因素综合计算确定,按式(4.1.1-1)计算。

2)人行道及车行道横坡应坡向海绵型生态树池。

3)树池之间铺设碎石层,树池与碎石层连接处做隔墙;按道路坡向,除雨水口上游紧邻第一个树池外,其余树池底部埋设连通管,连通管管径不宜小于 80 mm,将两个树池间区域连通;连通管应避让树穴开挖范围,管端伸入碎石层不小于 100 mm,管端安装过滤网;两节连通管的接合部位采用透水土工布包裹。

4)路基与碎石层接合处铺设防渗膜或设置不透水挡墙。

4 海绵型雨水口设计应符合下列规定:

1)海绵型雨水口应与树池错位布置。

2)海绵型雨水口包括传统雨水口和暗井两部分。

3)传统雨水口侧壁铺设导排管将收集的路面雨水排入生态树池结构内,导排管管端设置过滤网;暗井应设置在传统雨水口下游,并通过溢流管和弃流管与传统雨水口连通,多余的雨水通过设置在暗井内的雨水管排入市政雨水系统。

4) 设置为单排时,导排管管径宜为 200 mm,间距宜为 200 ~ 250 mm;设置为多排时,导排管管径宜为 80 mm,间距宜为 100 ~ 120 mm。

5) 弃流管设置在雨水口侧壁沿雨水口底部连通暗井,管径宜为 50 mm,铺设坡度不小于 1% 。

6) 溢流管设置在雨水口侧壁,管底距雨水口底部不小于 550 mm,管径宜为 300 mm。

7) 海绵型雨水口形式分为偏沟式、平算式,算数为单算、双算或多算等;海绵型雨水口具体设计时应根据汇水流量、道路形式和道路坡度等选择算数,并应符合现行国家标准《室外排水设计规范》GB 50014 中的相关规定。

8) 海绵型雨水口结构设计如图 4.2.2-1、图 4.2.2-2 所示。

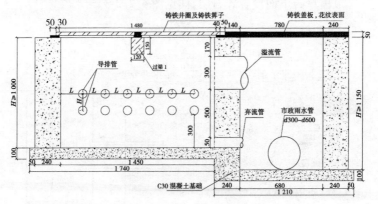

图 4.2.2-1 海绵型雨水口结构图(以双算为例)

5 植草砖结构设计应满足下列规定:

1) 人行道宽度小于 5 m 时,宜将人行道树池之间区域设计为植草砖结构,植草砖结构上部为植草砖和种植土,下部为碎石蓄水层。

2) 植草砖顶面应低于周边人行道路面 10 mm。

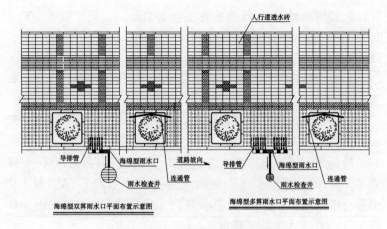

人行道透水砖

导排管　海绵型雨水口　道路坡向　导排管　海绵型雨水口
雨水检查井　连通管　雨水检查井　连通管

海绵型双箅雨水口平面布置示意图　　海绵型多箅雨水口平面布置示意图

图 4.2.2-2　海绵型雨水口平面图

3) 植草砖下面设置碎石层,详见图 4.2.2-3。

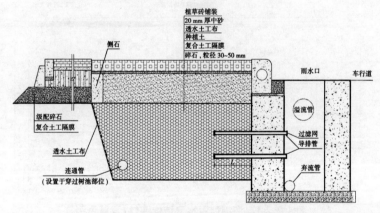

植草砖铺装
20 mm 厚中砂
透水土工布
种植土
复合土工隔膜
碎石,粒径 30~50 mm

侧石　　　　　　　　　　　　　　　雨水口　车行道

级配碎石
复合土工隔膜
溢流管
透水土工布
过滤网
导排管
连通管　　　　　　　　　　L
(设置于穿过树池部位)　　　　　　　弃流管

图 4.2.2-3　植草砖结构设计横断面图

6　串联型树池带设计应满足下列规定:

1) 人行道宽度不小于 5 m 时,宜将树池间区域设计为串联型树池带。

2) 串联型树池带应设计为下沉式绿地形式,绿地结构下部为碎石层结构,绿地与碎石层间设置复合土工隔膜,具体做法详见图4.2.2-4。

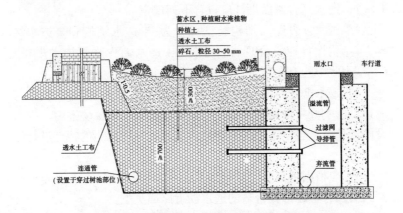

图4.2.2-4 串联型树池带低影响开发设计横断面图

    3)下沉式绿地下沉深度宜为 50 ~ 100 mm,具体应经计算确定。

4.2.3 多幅路低影响开发设计应符合下列规定:

    1 人行道透水铺装设计按本规程 4.2.1 规定执行。

    2 非机动车道宜设计为透水沥青或透水混凝土路面。

    3 多幅路规划有红线外绿地时,宜将红线外绿地设计为下沉式绿地形式。

    4 多幅路机动车道雨水应优先汇入边绿化带内。

    5 三幅路非机动车道和人行道多余部分的雨水宜优先汇入海绵型生态树池带内。

    6 四幅路非机动车道和人行道多余部分的雨水宜优先汇入人非绿化带内。

    7 多幅路低影响开发平面设计和横断面设计参照附录C。

4.3 主要节点设计

4.3.1 透水沥青路面设计应符合下列规定：

1 透水沥青路面结构类型可分为：半透水结构和全透水结构，其结构设计应符合现行行业标准《透水沥青路面技术规程》CJJ/T 190 中的有关规定。

2 透水沥青路面应根据不同结构类型，合理设置排水设施与周边低影响开发设施对接，将雨水排入低影响开发设施内。排水设施规模应结合当地降雨量和周边低影响开发设施的特点进行设计。

3 应根据项目所在地的地质条件、环境气候、施工管养经验等因素综合考虑选择合适的透水沥青路面类型。

4.3.2 透水水泥混凝土路面设计应符合下列规定：

1 透水水泥混凝土路面宜用于人行道或非机动车道。

2 透水水泥混凝土路面结构分全透水结构和半透水结构，其结构设计应符合现行行业标准《透水水泥混凝土路面技术规程》CJJ/T 135 中的相关规定。

3 透水水泥混凝土路面结构还应根据工程地质条件、环境气候等因素合理选择。

4 全透水结构设计时路面下宜设排水盲沟或其他设施，并调整路基与周边低影响开发设施的竖向关系，将雨水排入周边低影响开发设施内。

4.3.3 透水砖路面设计应符合下列规定：

1 透水砖路面结构除应满足承载能力要求外，还应满足透水、储水功能和抗冻性要求。

2 透水砖路面下的土基应具有一定的渗透性能。土壤渗透系数应不小于 1.0×10^{-3} cm/s，且土基顶面距离地下水位宜大于 1.0 m。当土基、土壤渗透系数以及地下水位高程不满足要求时，宜增加路面排水设计。

3 透水砖路面的排水可分表面排水与内部排水。表面排水应结合道路低影响开发设计断面,调整透水砖面层坡向,将路面未能及时下渗的雨水就近排入低影响开发设施内。

4 透水砖路面内部雨水收集可采用多孔管道及排水盲沟等形式。排水管道与排水盲沟应与周边低影响开发设施连通,将雨水就近排入低影响开发设施内。

4.3.4 边绿化带设计应符合下列规定:

1 边绿化带可设计为下沉式绿地或下沉式生物滞留带等形式。

2 当边绿化带宽度小于2 m时,宜将绿化带设计为下沉式绿地形式,人行道雨水漫流至绿地内蓄渗。下沉式绿地设计应符合下列规定:

1)下沉式绿地的下沉深度宜为100~200 mm,具体应根据植物耐淹性能和土壤渗透系数等确定。

2)下沉式绿地内应设溢流设施,保证暴雨时径流的溢流排放,溢流口标高应高于绿地50~100 mm。

下沉式绿地典型结构如图4.3.4-1所示。

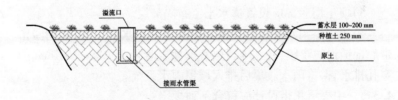

图4.3.4-1 下沉式绿地结构示意图

3 当边绿化带宽度不小于2 m时,宜将绿化带设计为下沉式生物滞留带形式。车行道和人行道路面雨水有组织汇流入滞留带内,饱和时通过溢流设施排入城市雨水系统。

    4 下沉式生物滞留带设计应符合下列规定:

    1)车行道路面雨水应通过立箅式进水侧石或其他方式汇流入滞留带内。

    2)下沉式生物滞留带内应设溢流设施,溢流设施可选用溢流井、溢流竖管或雨水口等,溢流口标高应低于邻近路面 50 ~ 100 mm。

    3)下沉式生物滞留带典型构造如图4.3.4-2所示。

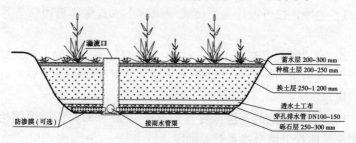

图 4.3.4-2　下沉式生物滞留带构造示意图

    4)出水水质有具体要求时,下沉式生物滞留带换土层介质类型及深度应满足出水水质要求,还应符合植物种植及园林绿化养护管理技术要求。

    5)换土层底部应设置透水土工布隔离层。

    6)当下渗雨水不适宜直接下渗补充地下水时,应在生物滞留带底部铺设防渗膜,并在碎石层底部埋置管径为 100 ~ 150 mm 的穿孔排水管,将雨水收集后排入城镇雨水系统。

4.3.5 中央绿化带设计应符合下列规定:

    1 中央绿化带宜设计为下沉式绿地形式。

    2 当中央绿化带考虑防撞要求时,应采用相应等级的防撞防护栏或设置岛式绿化带。

    3 岛式绿化带内的种植土应低于邻近路缘石顶面100 mm。

4.3.6 立箅式进水侧石设计应符合下列规定：

1 立箅式进水侧石开孔尺寸、开孔形状或间断设置的距离应根据道路横断面形式、设计降雨强度等因素综合确定，满足路面泄水能力的要求；立箅式进水侧石泄水能力应符合现行国家标准《室外排水设计规范》GB 50014 中的相关规定。

2 立箅式进水侧石应布置在雨水口沿道路坡向上游。

3 进水口处绿地内应设置防冲刷消能设施。

4 立箅式进水侧石应满足道路路缘石结构功能方面的要求，保证道路安全性，并应符合现行行业标准《混凝土路缘石》JC 899 中相关规定。

4.3.7 溢流设施设计应符合下列规定：

1 溢流设施宜布设在低影响开发设施断面低点处，溢流口顶部应低于路面不小于 50 mm，并应高于绿地表面不小于 50 mm；溢流设施布设间距宜根据当地年径流总量控制目标和绿地溢流水量确定，设置间距宜为 20～40 m，溢流设施包括溢流井、溢流竖管、环保型雨水口等。

2 溢流设施的选择应根据低影响开发设施的规模及溢流水量确定。

3 溢流设施应设截污装置，拦截雨水中的杂物，避免造成雨水系统堵塞。

4.3.8 沉淀池设计应符合下列规定：

1 道路雨水进入绿地内的低影响开发设施前，宜利用沉淀池对进入绿地内的初期径流雨水进行预处理，防止初期污染物浓度较高的径流雨水对绿地环境造成破坏。

2 沉淀池宜设置在消能设施后，并加设防坠落装置。

3 沉淀池规模应根据设计降雨强度、道路汇水面积等确定，应满足降雨初期 5 min 降雨量要求。

4.3.9 挡水堰设计应符合下列规定：

1 若道路纵坡大于 1%，下沉式绿地内应设置挡水堰，以减缓流速并将下沉式绿地设计为多个蓄水单元，增加雨水渗透量。

2 挡水堰材料可采用碎石或混凝土等。

3 挡水堰应设置在沿排水坡向的溢流设施下游，立箅式进水侧石上游；挡水堰间距可根据道路实际坡度、溢流井位置等确定。

4 挡水堰顶部应低于周边铺砌地面不小于 50 mm。

5 施 工

5.1 一般规定

5.1.1 开工前应踏勘现场,及时进行图纸会审,并组织交底,形成文件。

5.1.2 施工前应解决水电供应、交通道路及堆料场地等问题。

5.1.3 施工前应根据工程地质勘查报告,依据现行行业标准《城镇道路工程施工与质量验收规范》CJJ 1 中相关规定对路基土进行天然含水量等相关试验,必要时应做颗粒分析、有机质含量、易溶盐含量、冻膨胀和膨胀量等相关试验。

5.1.4 工程所用的主要原材料、半成品、构(配)件等进入施工现场时应进行进场验收并妥善保管。进场验收时检查每批产品的质量合格证书、性能检验报告、使用说明书、进口产品的商检报告等,并按照国家有关标准规定进行复验,合格后方可使用。

5.1.5 所有的管节、路缘石、半成品、构(配)件等在运输、保管和施工过程中,必须采取有效措施防止其损坏。

5.1.6 施工期间前一分项工程未经验收合格,严禁进行下一分项工程施工。

5.1.7 城镇控水防尘海绵型道路相关设施的位置、结构类型和构造尺寸等应按照设计要求施工。

5.1.8 施工过程中应按照工艺要求采取相应的技术措施,避免相关构筑物出现沉降、开裂、变形、破坏。

5.1.9 在进行面层铺装前,对施工范围内检查井的外露井盖高程应按相应位置处的道路路面设计高程及坡度调整到位并安放牢固。

5.1.10 城镇控水防尘海绵型道路的施工除应符合本规程的规定外,尚应符合国家现行标准《给水排水管道工程施工及验收规范》GB 50268、《给水排水构筑物工程施工及验收规范》GB 50141、《城镇道路工程施工与质量验收规范》CJJ 1 等的有关规定。

5.2 路基、垫层

5.2.1 路基施工应符合下列要求:

1 路基的高程、宽度、纵横坡度应符合设计要求。

2 路基应坚实、平整稳定,压实度和平整度应符合设计要求。

3 路基在透水的同时应保持相应的稳定性。

4 雨季施工时,严禁全线开挖路基,及时将路基表面整平并压实,路基侧面应设置排水设施,宜采用防雨布覆盖路基。

5.2.2 垫层施工应符合下列要求:

1 垫层施工前,路基应通过验收;

2 垫层施工用材料应洁净、干燥,质量应符合要求。

3 垫层铺筑应均匀、平整、完全,严禁路基外露。

5.3 基 层

5.3.1 基层的施工摊铺宽度应为设计宽度两侧分别加上必要的施工附加宽度,附加宽度每侧宜为 300~500 mm。

5.3.2 基层的强度及透水率应满足设计要求,并具有水稳定性。

5.3.3 基层混合料应采用厂拌法生产,混合料运输时应采取措施防止水分蒸发。

5.3.4 基层混合料宜采用机械摊铺施工。摊铺混合料时每层应按虚铺厚度一次铺设到位,不得多次找补。

5.3.5 透水级配碎(砾)石基层施工应符合下列规定:

1 透水级配碎(砾)石的组成材料应符合相应质量标准,拌和均匀,防止离析,级配应符合设计要求,当设计无要求时可按

表 5.3.5 的要求执行。

表 5.3.5 透水级配碎(砾)石基层集料级配

筛孔尺寸（mm）	26.5	19	13.2	9.5	4.75	2.36	0.075
通过质量百分率(%)	100	85~95	65~85	55~70	55~70	0~2.5	0~2

2 混合料虚铺系数应通过试验确定,当采用机械摊铺时,虚铺系数可按 1.25~1.35 选用。

3 摊铺后的透水级配碎(砾)石混合料在碾压前应断绝交通,并应尽快碾压成型。宜采用 12 t 以上的压路机碾压成型,碾压至缝隙嵌挤密实,表面平整,稳定坚实,轮迹小于 5 mm。

5.3.6 透水水泥稳定碎石基层施工应符合下列规定:

1 透水水泥稳定碎石基层的组成材料应符合相应质量标准及设计级配,当设计无规定时可按表 5.3.6 的规定执行,拌和时的用水量、水泥含量应符合设计要求,运输时应防止离析。

表 5.3.6 透水水泥稳定碎石基层集料级配

筛孔尺寸（mm）	31.5	26.5	19	16	9.5	4.75	2.36	0.075
通过质量百分率(%)	100	75~100	50~85	35~60	20~35	0~10	0~2.5	0~2

3 透水水泥稳定碎石混合料虚铺系数应通过试验确定,当采用机械摊铺时,虚铺系数可按 1.30~1.35 选用。

4 透水水泥稳定碎石混合料从拌和至摊铺完成,不应超过 3 h,并宜在水泥初凝前碾压成活。

5 透水水泥稳定碎石混合料碾压应在含水量等于或略大于最佳含水量时进行。

6 透水水泥稳定碎石混合料碾压时宜首先采用 12~18 t 压

路机初步稳压,然后用大于 18 t 的压路机进行碾压,压至表面平整、无明显轮迹且压实度达到要求。

7 透水水泥稳定碎石基层宜采用洒水法养护,保持湿润。

5.3.7 透水水泥混凝土基层的施工应符合下列规定:

1 用于基层的透水水泥混凝土的拌制和性能应符合现行行业标准《透水水泥混凝土路面技术规程》CJJ/T 135 的规定并应满足设计要求。

2 透水水泥混凝土基层的集料级配应通过试验确定,当试验条件受限时,可按表 5.3.7 采用。

表 5.3.7 透水水泥混凝土基层集料级配

筛孔尺寸(mm)	31.5	26.5	19	9.5	4.75	2.36
通过质量百分率(%)	100	90~100	72~89	17~71	8~16	0~7

3 透水水泥混凝土应按设计要求设置温度缝,温度缝应嵌入弹性嵌缝材料。板缝应尽量正交设置,板块不宜出现锐角;缝宽 5~10 mm 或根据设计确定。

4 当透水水泥混凝土和水泥稳定碎石不能一次施工完毕时,应设置施工缝,施工缝应设置成直缝。

5.4 找平层、透水砖面层施工

5.4.1 找平层施工应符合下列要求:

1 采用中、粗砂找平层时,其用砂应洁净、均匀,粒径符合相关要求。

2 采用干硬性水泥砂浆找平层时,其组成中,水、水泥、砂的质量应符合相关规范要求,水、水泥、砂的质量比应符合设计要求。

3 找平层铺设完毕后,不得踩踏,并不得在找平层上放置任何材料及工具等。

5.4.2 透水砖铺设,应符合下列要求:

1 透水砖强度及透水性能应符合设计要求。

2 透水砖铺装时,应根据施工图设计及透水砖规格设置基准点和基准线,基准线间距宜为3~5m,并从基准线开始,按设计图铺筑。铺筑时应纵横拉通线铺筑,每块透水砖安放后,由侧面及顶面敲实,保证砌块之间缝宽均匀,并不宜大于3mm,及时清除砖面上的杂物、碎屑,并不得在新铺设的路面上拌和砂浆或堆放材料,如面砖上有残留水泥砂浆,应更换面砖。

3 透水砖铺设过程中,应随时检查其安装是否牢固与平整,及时进行修整,不得采用在砖底部填塞砂浆或支垫等方法找平砖面,当铺设空隙不足以放置整块透水砖时,应采用切割机切割透水砖至所需尺寸。

4 透水砖路面铺设完成经检查合格后,用洁净干燥的砂进行灌缝,灌缝用砂级配应符合表5.4.2的规定,不得采用干拌砂浆扫缝。

表5.4.2 透水砖灌缝用砂级配

筛孔尺寸 (mm)	10.0	5.0	2.5	1.25	0.63	0.315	0.16
通过质量 百分率(%)	0	0	0~5	0~20	15~75	60~90	90~100

5.5 透水沥青面层

5.5.1 配制沥青面层的原材料应符合现行行业标准《城镇道路工程施工与质量验收规范》CJJ 1 和《透水沥青路面技术规程》CJJ/T 190 中的有关规定。

5.5.2 透水沥青混合料宜根据道路等级、气候条件及交通条件按表5.5.2确定级配范围。

表 5.5.2 透水沥青混合料矿料级配范围

级配类型		通过下列筛孔（mm）的质量百分率（%）															
		26.5	19.0	16.0	13.2	9.5	4.75	2.36	1.18	0.6	0.3	0.15	0.075
中粒式	PAC-20	100	95~100	—	64~84	—	10~31	10~20	—	—	—	—	3~7
	PAC-16	—	100	90~100	70~90	45~70	12~30	10~22	6~18	4~15	3~12	3~8	2~6
细粒式	PAC-13	—	—	100	90~100	50~80	12~30	10~22	6~18	4~15	3~12	3~8	2~6
	PAC-10	—	—	—	100	90~100	50~70	10~22	6~18	4~15	3~12	3~8	2~6

5.5.3 透水沥青面层正式摊铺前,宜铺筑长度不小于100 m的试验路段,进行混合料的拌制、摊铺和碾压试验,据此确定合理的施工工艺。

5.5.4 沥青面层不得在雨、雪天气及气温低于5 ℃时施工。

5.5.5 透水沥青混合料的生产、运输、摊铺过程应按现行行业标准《城镇道路工程施工与质量验收规范》CJJ 1及《透水沥青路面技术规程》CJJ/T 190的要求进行。

5.5.6 透水沥青混合料摊铺前,应检查下层结构的质量,同时应根据设计要求对下层结构进行现场渗水试验。

5.5.7 透水沥青混合料在运输过程中,应采取有效保温措施,并在车厢内壁涂刷隔离剂。

5.5.8 透水沥青混合料的摊铺应符合下列规定:

1 应采用沥青摊铺机摊铺。摊铺机受料前,应在料斗内涂刷隔离剂,并在摊铺过程中进行补充涂刷。

2 铺筑透水沥青混合料面层时,城市快速路、主干路宜采用多台摊铺机联合全幅摊铺,以减少施工接缝。一台摊铺机的铺筑宽度不宜超过6.0 m,两台或多台摊铺机前后错开10~20 m成梯队方式同步摊铺。

3 摊铺机应具有自动调节摊铺厚度及找平的装置、可加热振动熨平板、摊铺宽度可调整等功能,且料斗容积能保证更换运料车时连续摊铺。

4 施工前,应提前不少于1 h预热摊铺机熨平板,使其温度不低于100 ℃。铺筑过程中,熨平板的振捣或夯锤压实装置应具有适宜的振动频率和振幅。

5 摊铺机应缓慢、均匀、连续不间断地摊铺,不得随意变换速度或中途停顿。摊铺速度宜控制在1.5~3.0 m/min。

6 透水沥青混合料的松铺系数应通过试验段确定。摊铺过程中应随时检查摊铺层厚度及路拱、横坡。

5.5.9 透水沥青路面压实及成型应符合下列规定：

    1 压实应按初压、复压、终压成型三个阶段进行。

    2 压实机械组合方式和压实遍数应根据试验路段确定。

    3 压路机吨位、速度及工艺应符合现行行业标准《公路沥青路面施工技术规范》JTG F40 中对开级配抗滑磨耗层配合比的规定。

5.5.10 透水沥青混合料的接缝及渐变过渡段施工应符合现行行业标准《公路沥青路面施工技术规范》JTG F40 的有关规定。

5.5.11 透水沥青路面与不透水沥青路面衔接处，应做好封水、防水处理。

5.5.12 施工后，当透水沥青路面表面温度降低到 50 ℃以下后，方可开放交通。

5.6 透水水泥混凝土面层

5.6.1 透水水泥混凝土面层不应在雨天施工；当日平均气温连续 5 d 低于 5 ℃时，不得进行透水水泥混凝土面层施工；当日最高气温高于 32 ℃时，不宜进行透水水泥混凝土面层施工。

5.6.2 面层施工前应对基层做清洁处理，并保持一定程度的湿润。

5.6.3 拌和物运输时应采取措施防止离析及保持相应的湿度。

5.6.4 拌和物宜采用机械摊铺，当采用人工小型机具分层摊铺时，下部厚度宜为总厚度的 3/5，上层混凝土的摊铺应在下层混凝土初凝前完成；摊铺时的虚铺系数宜为 1.10。

5.6.5 面层的振捣压实宜采用平整压实机或低频平板式振捣器进行振捣，滚杠滚压，并应在水泥初凝前完成压实。振捣时间不宜多于 10 s，严格控制振捣器在每一位置的振捣时间，不应过振；振捣器行近速度应均匀一致，横缝和纵缝边缘位置应轻轻振平。

5.6.6 面层压实后宜使用抹平机对透水水泥混凝土面层进行收

面。

5.6.7 施工完成后,应及时进行养护,宜采用塑料薄膜覆盖等方法进行保湿养护,养护时应保证路面清洁;养护时间应根据混凝土强度增长情况而定,应特别注重前 7 d 的保湿(温)养护,当混凝土强度达到设计强度的 80% 时,可停止养护,但不宜小于 14 d。养护期间严禁车辆通行;如有意外损坏应在损坏范围内按层深切割后采用相同材料修补并压实。养护过程中应在路面周边设围挡防止人、车进入。

5.6.8 面层未达到设计强度前不得投入使用。

5.7 绿化带

5.7.1 土方施工应符合下列规定:

1 下沉式绿化带宜同路基一起进行开挖施工,应按设计要求进行放坡开挖。

2 溢流井、管道、沉淀池等设施坑槽开挖应符合下列规定:

1)开挖时坑槽底部应预留 200 mm 厚土层由人工清底,当超挖深度不超过 150 mm 时,可用挖槽原土回填夯实,其压实度不应低于原地基土的密实度。

2)地基土壤含水量较大且不适于压实时,宜采取换填等措施。

3)开挖溢流井槽及管道槽时,在基础每侧宜留出 300～500 mm 的施工宽度。

4)采用预制雨水口时,地基顶面宜铺设 20 mm 厚的砂垫层。

5)地基应夯实并及时进行上部结构施工。

3 下沉式绿化带坑槽施工范围内的树根、洞穴、植被等应予以清除,并达到平整度、压实度合格等要求。

4 岛式绿化带、填方绿化带内的填方土应符合设计要求,宜采用低液限黏质土、粗粒土等填筑,填料中不得含有石块、建筑垃圾等杂物。

5 绿化带内土基的高程、宽度、纵横坡度、平整度、压实度应符合设计要求。

6 溢流井坑槽、各类管线沟槽的开挖应按照设计要求进行放坡或支护开挖,溢流井、各类管道的地基应符合设计要求,管道天然地基的强度不能满足设计要求时应报请设计单位进行变更。

5.7.2 防渗层施工应符合下列要求:

1 本规程中涉及的下沉式绿地、路基、排水结构、坡面等防渗结构选用土工合成材料时,其材料规格、强度等应满足国家现行标准《公路工程土工合成材料 防水材料》JT/T 664、《公路土工合成材料应用技术规范》JTG/T D32 的要求。

2 铺设前基层应平整、坚实,清理树根、灌木、尖石等杂物。

3 下沉式绿化带、路基、排水结构、坡面等防渗结构选用土工合成材料时应符合以下要求:

1)一般工程的复合土工膜等复合防水材料,其厚度不应小于 0.3 mm,重要工程土工膜厚度不应小于 0.5 mm。

2)防渗隔离层下部宜设置砂砾垫层,隔离层上部宜设置砂砾保护层,厚度均宜为 10 cm,砂砾垫层和保护层应级配良好,不得含有大粒径有棱角尖锐石子,含泥量不得大于 5%。

3)防渗隔离层应与其他防排水结构物紧密配合,形成完善的防排水系统。

4 土工合成材料应根据功能要求、工程结构和施工条件,确定土工合成材料的长度、幅宽,施工前应做好剪裁和连接工作,接头施工前应先做工艺试验,确保接头质量满足设计要求。当设计无要求时,宜满足下列要求。

1)土工织物连接可采用缝合法或搭接法。缝合宽度不应小于 100 mm,结合处抗拉强度应达到土工织物极限抗拉强度的 60%以上,搭接宽度不应小于 300 mm。

2)土工膜连接宜采用热熔焊接法,局部修补也可采用胶黏法,连接宽度不宜小于 100 mm。正式拼接前应进行试拼接,采用的胶料应在遇水后不溶解。

5 材料铺设方式应符合设计要求,当设计无要求时应符合下列规定:

1)土工合成材料的铺设应平顺,严禁出现扭结、断裂、撕破土工材料等现象。铺设时可适当拉紧,两端埋入土体部位应成波纹状,与刚性结构连接时,应留有一定伸缩量。

2)在坡面上铺设土工合成材料时,宜自上而下铺设并就地连接;土工合成材料应紧贴被保护层,不宜拉得过紧。

6 土工合成材料的储存应避光防潮,应根据工程进度情况,分批量取用。

7 铺设完成后,应采取以下措施加强施工期土工合成材料的保护:

1)施工车辆不得直接在土工合成材料上作业,可采取先碾压后挖槽铺设等措施减小施工车辆荷载的影响。

2)土工合成材料上方填石料时,应在保护层完成后再填筑,严禁将石料直接抛落于土工合成材料上。

3)铺设完成后,应及时覆盖保护层或进行上部施工。

5.7.3 过滤层施工应符合下列规定:

1 级配碎石应选用洁净、坚硬的碎石,集料压碎值不大于26%,最大粒径不宜大于 26.5 mm,集料中小于等于 0.075 mm 颗粒含量不超过3%。级配混合料的透水性应满足设计要求。

2 级配砂砾、级配砾石应符合下列要求:

1)天然砂砾应质地坚硬,含泥量不应大于砂质量(粒径小于 5 mm)的 10%,砾石颗粒中细长及扁平颗粒的含量不应超过20%。

2)级配砾石中级配最大粒径宜小于 53 mm。

3 拌和、摊铺、碾压应符合下列规定:

1）混合料级配、配合比应符合设计要求，计量准确，并搅拌均匀。

2）压实系数应通过试验段确定，砂砾石的压实度应满足设计要求，每层摊铺虚厚不宜超过30 cm。

3）应摊铺均匀一致，发生粗、细集料集中或离析现象时，应及时翻拌均匀。

4）碎砾石结构层中设有穿孔排水管时，排水管应采取防护措施。

5）碾压、摊铺过程中应对各种管道加以保护，不得出现管道破损、断裂等现象。

4 当过滤层设有透水土工布等过滤材料时，应满足以下要求：

1）应满足挡土、保持水流畅通和防止淤堵三方面的要求。

2）采用单层卷状聚丙烯或聚酯无纺布材料时，单位面积质量必须大于150 g/m^2，搭接缝的有效宽度应达到10～20 cm。

3）采用双层组合卷状材料时：上层蓄水棉，单位面积质量应达到200～300 g/m^2；下层无纺布材料，单位面积质量应达到100～150 g/m^2。

5 透水土工布等过滤材料的施工尚应满足本规程5.7.2条的有关要求。

6 过滤层中的穿孔排水管的间距、坡度、管道材质等应满足设计要求。施工上层结构时应采取相应的保护措施。

5.7.4 换土层施工应符合下列要求：

1 回填土土质应符合设计要求，当设计无要求时，回填土质应无明显染色或异味、无明显结块、无明显石块、垃圾等有害成分和杂物。

2 回填作业每层土的压实遍数，按压实度要求、压实工具、虚铺厚度和含水量，应经现场试验确定。

3 回填压实应逐层进行,且不得损伤透水土工织物或下承层结构。

4 分段回填时,相邻段的接茬应呈台阶形,且不得漏夯。

5 软土、湿陷性黄土、膨胀土、冻土等地区的沟槽回填,应符合设计要求和相应工程标准的规定。

6 需要拌和的回填材料,应在运入槽内前拌和均匀,不得在槽内拌和。

5.7.5 栽植土施工应符合下列要求:

1 绿化栽植土层厚度、土质参数、验收批、取样方法等除应满足设计要求外,尚应满足现行行业标准《园林绿化工程施工及验收规范》CJJ 82、《绿化种植土壤》CJ/T 340 的要求。

2 回填前测量出回填范围的边线,保证栽植土造形美观。局部地方用人工进行造形,宜做成凹形。

3 绿化栽植土壤土层下应无大面积不透水层,否则其底部应根据实际情况采取有效的排蓄水措施。

4 污泥、淤泥等不宜直接作为绿化种植土壤。

5 栽植土 300 mm 深的表土层应疏松,整地时应按设计坡度进行平整,当设计无要求时,其坡度宜为 0.3% ~0.5%。

6 栽植土表层应整洁,所含石砾中粒径大于 3 cm 的不得超过 10%,粒径小于 2.5 cm 的不得超过 20%,杂草等杂物不应超过 10%。

5.8 海绵型生态树池

5.8.1 树池沟槽开挖应在人行道面层铺装前进行,沟槽开挖时宜使用小型机械开挖或人工开挖,机械开挖时沟槽底部应预留 200 mm 厚土层由人工清底,同时辅以人工刷坡。

5.8.2 沟槽开挖出的土方应及时清运,现场不宜堆置土方;沟槽两侧应设置阻水设施。

5.8.3 树池墙体施工前应按设计要求复核树池位置。

5.8.4 树池墙体采用砌筑法施工时,其施工及养护应满足现行国家标准《砌体结构工程施工规范》GB 50924 中的相关规定,砂浆抹面厚度应符合设计要求。

5.8.5 树池墙体采用混凝土施工时,其施工及养护应满足现行国家标准《混凝土结构工程施工规范》GB 50666 中的相关规定。连通管预留位置宜在浇筑时预留,浇筑施工时应采取措施保证预留孔位置准确,模板架设牢固。

5.8.6 在树池墙体上方摆放树坑石时应选用外观完好的树坑石,树坑石应坐浆摆放,连接稳固。

5.8.7 向沟槽填充碎石前,应按设计要求铺设透水土工布。透水土工布的铺设应满足本规程 5.7.3 条的相关规定。

5.8.8 填充碎石宜采用振动法进行夯实。植草砖结构填充碎石应与树池填土一同进行。

5.8.9 碎石填充至预留孔位置时按设计要求进行连通管及导排管的安装,安装连通管前,应将树池中的栽植土填充至连通管管底高度,树池填土应满足设计要求及现行行业标准《园林绿化工程施工及验收规范》CJJ 82、《绿化种植土壤》CJ/T 340 的要求。

5.8.10 伸入雨水口内的导排管,其端口应安装可拆卸滤网。

5.8.11 碎石层与土层之间应根据设计要求设置防渗层或过滤层,防渗层或过滤层的施工应满足本规程 5.7.2 条或 5.7.3 条的相关规定。

5.8.12 在土工隔膜上铺设耕植土时,其虚铺系数应通过试验确定。

5.8.13 植草砖种植土摊铺后应及时夯平,压实度应不小于 90%(轻型击实)或满足设计要求。串联型树池种植土填充横断表面宜成凹形,两端最高处与人行道及路缘石的高差应满足设计要求。

5.8.14 在透水土工布上铺设找平层及植草砖时应满足本规程5.4.1 条及5.4.2 条的相关规定。

5.8.15 植草砖铺装完成后,在植草砖孔内灌填种植土,与植草砖孔面平齐,洒水稳定。

5.9 附属设施

5.9.1 路缘石(侧石、平石、边石)的施工应符合下列规定:

1 路缘石宜采用石材或预制混凝土标准块,应由工厂生产,并应提供产品强度、规格尺寸等技术资料及产品合格证。

2 当采用具有储水、排水功能的路缘石时,应按照设计要求施工道路结构层、路缘石基础及接缝,并应符合下列规定:

1)宜采用方便安装、容易更换、容易清理和维护的结构形式。

2)路缘石应进行严密性检测。

3)路缘石及其进水口应满足行人、非机动车、机动车的安全通行要求。

3 进水口的形式、材质应符合设计要求。当设计无要求时宜采用断开式、立壁式进水侧石等形式,材料宜选用混凝土、花岗岩等。

4 预制混凝土路缘石强度等级应符合设计要求,当设计未规定时,不应小于 C30。路缘石弯拉与抗压强度应符合表5.9.1 的要求。

5 安装路缘石的控制桩,直线段桩距宜为 10 ~ 15 m,曲线段桩距宜为 5 ~ 10 m;路口处桩距宜为 1 ~ 5 m。

6 路缘石基础应以干硬性砂浆铺砌,砂浆应饱满、厚度均匀。

7 路缘石铺设应稳固、直线段顺直、曲线段圆顺、缝隙均匀。

表 5.9.1　路缘石弯拉与抗压强度

直线路缘石			直线路缘石（含圆形、L形）		
弯拉强度（MPa）			抗压强度（MPa）		
强度等级 C_f	平均值	单块最小值	强度等级 C_c	平均值	单块最小值
$C_f3.0$	≥3.00	≥2.40	C_c30	≥30.0	24.0
$C_f4.0$	≥4.00	≥3.20	C_c35	≥35.0	28.0
$C_f5.0$	≥5.00	≥4.00	C_c40	≥40.0	32.0

注：直线路缘石用弯拉强度控制，L形或弧形路缘石用抗压强度控制。

8 路缘石后靠背应按照设计要求施工，当设计无要求时宜采用水泥混凝土支撑，并还土夯实，还土夯实宽度不宜小于 500 mm，高度不宜小于 150 mm，压实度不得小于 90%。

9 路缘石的后靠背应支模浇筑、振捣密实，保湿养护时间应大于 3 d。

10 路缘石的灌缝宜在后靠背施工前按照设计要求施工，当设计无要求时宜采用 M10 水泥砂浆灌缝，灌缝后，常温期养护不少于 3 d；路缘石灌缝应密实，平缘石表面应不阻水，灌缝时应采取防污染措施。

5.9.2 收水设施的施工应符合下列规定：

1 收水设施的施工应符合国家现行规范《给水排水管道工程施工及验收规范》GB 50268、《给水排水构筑物工程施工及验收规范》GB 50141、《城镇道路工程施工与质量验收规范》CJJ 1 的有关规定。

2 收水设施的尺寸、设置位置、管径、材质、基础等应符合设计要求。

3 溢流井宜与雨水连接管同时施工，宜采用刚性基础。

4 溢流设施周围回填应符合下列规定：

1）应与绿化带回填、管道沟槽回填同时进行，当无法同时进行时,应留台阶型接茬。

2)井室周围回填夯实应沿井室中心对称进行,不得漏夯。

3)回填材料应符合设计要求,设计无要求时应与下沉绿地内的同位置材料一致。

4)管道两侧和管顶以上 500 mm 范围内的回填材料,应由沟槽两侧对称运入槽内,不得直接回填在管道上。

5)回填压实应逐层进行,且不得损伤管道。

6)管道两侧和管顶以上 500 mm 范围内胸腔夯实,应采用轻型压实机具,管道两侧压实面的高差不应超过 300 mm。

5 雨水口、暗井的深度应符合设计要求,当设计无要求时深度不宜超过 1.0 m。

6 雨水口中的导排管、溢流管应采用预埋的方式与暗井相连且不得漏水,导排管、溢流管的进水口面应与雨水口井壁平齐。

7 井室内导排管管口处的过滤网宜采用可拆卸式滤网。

8 管道穿过井壁的施工应符合设计要求,设计无要求时应符合下列规定:

1)采用刚性连接时,其管外壁与砌筑井壁洞圈之间水泥砂浆应坐浆饱满、密实。

2)采用柔性连接时,井壁洞圈应预设套管,管道外壁与套管的间隙应四周均匀一致,其间隙宜采用柔性或半柔性材料填嵌密实。

3)化学建材管道宜采用中介层法与井壁洞圈连接。

4)对于现浇混凝土结构井室,井壁洞圈应振捣密实。

5)排水管道接入检查井时,管口外缘与井内壁平齐;当接入管径大于 300 mm 时,对于砌筑结构井室应用砌砖圈加固。

9 工程移交前应对溢流管、导排管等进行清理,出现堵塞时,应及时疏通或更换。

5.9.3 挡水堰的施工应符合下列要求。

1 挡水堰的位置、间距、设置形式等应满足设计要求。

2 挡水堰的基础应稳固、平整、夯实,符合设计要求。

3 挡水堰与两端路缘石以及挡水堰材料之间的接缝应密实,无通缝现象,宜采用水泥浆灌缝填充。

4 挡水堰的迎水面应设置防冲刷结构,背水面应进行加固。

6 验 收

6.1 一般规定

6.1.1 开工前,施工单位应会同建设单位、监理工程师确认构成建设项目的单位工程、分部工程、分项工程和检验批,作为施工质量检验、验收的基础,各分部(子分部)工程相应的分项工程、检验批应按表6.1.1的规定执行。本规程未规定时,施工单位应在开工前会同建设单位、监理工程师共同研究确定。

表6.1.1 城镇控水防尘海绵型道路分部(子分部)工程与相应的分项工程、检验批

分部工程	子分部工程	分项工程	检验批
机动车道	路基	土方路基(挖方路基、路基填方、填方路基)①*	每条路或路段
		石方路基	每条路或路段
		路基处理	每条处理段
	底基层	水泥石灰土底基层*	每条路或路段
		石灰土底基层	每条路或路段
		级配碎石(碎砾石)底基层	每条路或路段
	基层	水泥稳定碎石基层*	每条路或路段
		透层	每条路或路段
		封层	每条路或路段
	面层	黏层	每条路或路段
		沥青混合料面层	每条路或路段
		水泥混凝土面层	每条路或路段

续表 6.1.1

分部工程	子分部工程	分项工程	检验批
非机动车道	路基	土方路基(挖方路基、填方路基)①*	每条路或路段
		石方路基	每条路或路段
		路基处理	每条处理段
	底基层	透水底基层*	每条路或路段
	基层	透水基层*	每条路或路段
	面层	沥青混合料面层	每条路或路段
		透水沥青混合料面层*	每条路或路段
		水泥混凝土面层	每条路或路段
		透水水泥混凝土面层*	每条路或路段
人行道	路基	路基*	每条路或路段
	基层	透水底基层*	每条路或路段
		透水基层*	每条路或路段
	面层	混凝土预制块铺砌人行道面层(含盲道砖)	每条路或路段
		透水水泥混凝土面层*	每条路或路段
海绵型生态树池		沟槽	两个雨水口之间
		隔墙*	
		土工布	
		碎石层*	
		连通管、导排管*	
		耕植土	
		植草砖	
绿化带		沟槽	每条路或每座
		溢流井	
		沉淀池	
		土工布	
		过滤层*	
		管道	
		填土	

续表 6.1.1

分部工程	子分部工程	分项工程	检验批
附属 构筑物	—	侧石	每条路或路段
		平石	每条路或路段
		雨水支管与雨水口	每条路或路段
		排(截)水沟	每条路或路段

注:1. ①分项工程如含有多种施工工艺则应作为子分项工程管理。

2. 带 * 的分项工程质量验收应按本规程执行,其余分项工程应按《城镇道路工程施工及质量验收规范》CJJ 1 执行。

6.1.2 工程施工质量应符合本规程和相关专业验收规范的规定。

6.1.3 参加工程施工质量验收的人员应具备规定的资格。

6.1.4 工程质量验收均应在施工单位自行检查评定合格的基础上进行。

6.1.5 隐蔽工程在隐蔽前,应由专业监理工程师进行隐蔽验收,确认合格,并形成隐蔽验收文件。

6.2 质量检验标准

6.2.1 路基质量检验应符合下列规定:

主控项目

1 路基压实度应符合现行行业标准《城镇道路工程施工与质量验收规范》CJJ 1 中的相关规定。人行道路基压实度应大于或等于 90%,且小于 93%。

检查数量:路基每 1 000 m² 每压实层抽检 3 点。人行道路基每 100 m 抽检 2 点。

检验方法:环刀法、灌砂法、灌水法。

2 弯沉值不应大于设计要求。

检查数量:每车道每 20 m 测 1 点。

检验方法:弯沉仪检测。

一般项目

3 土路基允许偏差应符合现行行业标准《城镇道路工程施工与质量验收规范》CJJ 1 中的相关规定。

4 路床应平整、坚实,无显著轮迹、翻浆、波浪、起皮等现象。

检查数量:全数检查。

检验方法:观察。

6.2.2 垫层质量检验应符合下列规定:

主控项目

1 砂垫层的材料质量应符合设计要求。

检查数量:按不同材料进场批次,每批检查 1 次。

检验方法:查检验报告。

2 砂垫层的压实度应大于等于 90%。

检查数量:每 1 000 m^2 每压实层抽验 3 点。

检验方法:灌砂法。

一般项目

3 砂垫层的允许偏差应符合现行行业标准《城镇道路工程施工与质量验收规范》CJJ 1 中的相关规定。

6.2.3 基层质量检验应符合下列规定:

主控项目

1 组成基层的集料质量及级配应符合现行行业标准《城镇道路工程施工与质量验收规范》CJJ 1、《透水水泥混凝土路面技术规程》CJJ/T 135 中的相关规定。

检查数量:按不同材料进场批次,每批次抽检不应少于 1 次。

检验方法:查检验报告。

2 级配碎石及水泥稳定碎石基层压实度不小于 97%,底基层不小于 95%。

检查数量:每 1 000 m^2 每压实层抽验 1 点。

检验方法:灌砂法或灌水法。

3 水泥稳定碎石基层、底基层 7 d 的无侧限抗压强度应符合设计要求。

检查数量:每 2 000 m² 抽检 1 组(6 块)。

检查方法:现场取样试验。

4 水泥混凝土基层抗压强度应达到设计要求。

检查数量:每 100 m³ 同配合比的透水水泥混凝土,取样 1 次;不足 100 m³ 时按 1 次计。每次取样应至少留置 1 组标准养护试件。同条件养护试件的留置组数应根据实际需要确定,最少 1 组。

检验方法:检查试件抗压强度试验报告。

5 透水水泥稳定碎石及透水水泥混凝土的透水系数应符合设计要求。

检查数量:每 500 m² 抽检 1 组(3 块)。

检验方法:检查试验报告。

一般项目

6 表面应平整、坚实、接缝平顺,无明显粗细集料集中现象,无推移、裂缝、贴皮、松散、浮料。

检查数量:全数检查。

检验方法:观察。

7 基层允许偏差应符合《城镇道路工程施工与质量验收规范》CJJ 1 的相关规定。

6.2.4 找平层、透水砖铺装面层质量检验应符合下列规定:

主控项目

1 透水砖外观不应有污染、空鼓、掉角及断裂等缺陷。透水砖块形、颜色、厚度、强度、透水性应符合设计要求。

检查数量:透水砖以同一块形、同一颜色、同一强度且以 20 000 块为一验收批;不足 20 000 块按一批计。每一批中应随机抽取 50 块试件。每验收批试件的主检项目应符合现行行业标准《透水砖路面技术规程》CJJ/T 188 中的相关规定。

检验方法:观察、量测、检查合格证及试验报告。

2 灌缝用砂应满足设计要求。

检查数量:以 200 m³ 或 300 t 为一验收批,不足 200 m³ 或 300 t 按一批计。

检验方法:观察、检查试验报告。

3 找平层的材料质量应符合设计要求。

检查数量:按不同材料进场批次,每批检查 1 次。

检验方法:查检验报告。

一般项目

4 透水砖铺砌应平整、稳固,不得有翘动现象,灌缝应饱满,缝隙一致。透水砖面层与路缘石及其他构筑物应接顺,不得有反坡积水现象。

检查数量:全数检查。

检验方法:观察。

5 透水砖铺装允许偏差见表6.2.4 的规定。

表6.2.4 透水砖铺装允许偏差

序 号	项目	规定值或允许偏差	检验频率		检验方法
			范围(m)	点数	
1	表面平整度	≤5 mm	20	1	用 3 m 直尺和塞尺连续量取两尺,取最大值
2	宽度	不小于设计规定	40	1	用钢尺量
3	相邻块高差	≤2 mm	20	1	用塞尺量,取最大值
4	横坡	±0.3%	20	1	用水准仪测量

序 号	项目	规定值或允许偏差	检验频率		检验方法
			范围（m）	点数	
5	纵缝直顺度	≤10 mm	40	1	拉 20 m 小线量 3 点，取最大值
6	横缝直顺度	≤10 mm	20	1	沿路宽拉小线量 3 点，取最大值
7	透水砖缝宽	≤2 mm	20	1	用钢尺量 3 点，取最大值
8	井框与路面高差	≤3 mm	每座	4	十字法，用塞尺量，取最大值

注：独立人行道应增加检验高程指标，允许偏差为 ±10 mm。

6.2.5 透水水泥混凝土面层质量检验应符合下列规定：

主控项目

1 原材料质量应满足现行行业标准《透水水泥混凝土路面技术规程》CJJ/T 135 中的相关规定。

2 弯拉强度应符合设计规定。

检查数量：每 100 m³ 同配合比的透水水泥混凝土，取样 1 次；不足 100 m³ 时按 1 次计。取样时标准养护试件及同条件养护试件至少各取 1 组。

检验方法：检查试验报告。

3 抗压强度应符合设计规定。

检查数量：每 100 m³ 同配合比的透水水泥混凝土，取样 1 次；不足 100 m³ 时按 1 次计。取样时标准养护试件及同条件养护试件至少各取 1 组。

检验方法：检查试验报告。

4 透水系数应符合设计规定。

检查数量:每 500 m² 抽测 1 组(3 块)。

检验方法:检查试验报告。

5 厚度应符合设计规定。

检查数量:每 500 m² 抽测 1 点。

检验方法:钻孔,用钢尺量测。

一般项目

6 面层应板面平整,边角整齐,不应有石子脱落现象。

检查数量:全数检查。

检验方法:观察、钢尺量测。

7 路面接缝应垂直、直顺,缝内不应有杂物。

检查数量:全数检查。

检验方法:观察。

8 面层允许偏差应符合表 6.2.5 的规定。

表 6.2.5　透水水泥混凝土路面面层允许偏差

项目		允许偏差	检验范围 (m)	检验点数	检验方法
高程(mm)		±15	20	1	用水准仪测量
中线偏位(mm)		≤20	100	1	用经纬仪测量
平整 度	最大间隙 (mm)	≤5	20	1	用 3 m 直尺和塞尺连 续测量 2 处,取较大值
宽度(mm)		0, −20	40	1	用钢尺量
横坡(%)		±0.3 且 不反坡	20	1	用水准仪测量
井框与路面高差 (mm)		≤3	每座井	1	十字法,用直尺和塞 尺量,取最大值
相邻板高差(mm)		≤3	20	1	用钢板尺和塞尺量
纵缝直顺度(mm)		≤10	100	1	用 20 m 线和钢尺量
横缝直顺度(mm)		≤10	40	1	用 20 m 线和钢尺量

6.2.6 透水沥青混合料面层应符合下列规定：

主控项目

1 道路用沥青的品种、标号应符合现行行业标准《城镇道路工程施工与质量验收规范》CJJ 1、《透水沥青路面技术规程》CJJ/T 190 中的相关规定。

检查数量：按同一生产厂家、同一品种、同一标号、同一批号连续进场的沥青（石油沥青每 100 t 为 1 批，改性沥青每 50 t 为 1 批），每批次抽检 1 次。

检验方法：查出厂合格证，检验报告并进场复验。

2 透水沥青混合料所用粗集料、细集料、矿粉、纤维等材料的质量及规格应符合现行行业标准《城镇道路工程施工与质量验收规范》CJJ 1、《透水沥青路面技术规程》CJJ/T 190 中的相关规定。

检查数量：按不同品种产品进场批次和产品抽样检验方案确定。

检验方法：观察、检查进场检验报告。

3 透水沥青混合料生产温度应符合本规程第 5.5.5 条的相关规定。

检查数量：全数检查。

检验方法：查测温记录，现场检测温度。

4 透水沥青混合料品质符合现行行业《透水沥青路面技术规程》CJJ/T 190 中的相关规定。

检查数量：每日、每品种检查 1 次。

检验方法：现场取样试验。

5 透水沥青混合料面层质量检验应符合下列规定：

1）透水沥青混合料面层压实度，对城市快速路、主干路不应小于 96%；对次干路及以下道路不应小于 95%。

检查数量：每 1 000 m² 测 1 点。

检验方法:查试验记录(马歇尔击实试件密度,实验室标准密度)。

2)透水沥青面层厚度应符合设计规定,允许偏差为 – 5 ~ 10 mm。

检查数量:每 1 000 m² 测 1 点。

检验方法:钻孔或刨挖,用钢尺量。

3)弯沉值,应满足设计规定。

检查数量:每车道每 20 m 测 1 点。

检验方法:弯沉仪检测。

4)透水沥青面层渗透系数应达到设计要求。

检查数量:每 1 000 m² 抽测 1 点。

检验方法:查试验报告、复测。

一般项目

6 透水沥青路面表面应平整、坚实,接缝紧密,无枯焦;不应有明显轮迹、推挤裂缝、脱落、烂边、油斑、掉渣等现象,不得污染其他构筑物。面层与路缘石、平石及其他构筑物应接顺,不得有积水现象。

检查数量:全数检查。

检验方法:观察。

7 透水沥青混合料面层允许偏差应符合表 6.2.6 的规定。

6.2.7 海绵型生态树池应符合下列规定:

1 植草砖及找平层的检验标准应符合本规程 6.2.4 条的有关要求。

2 砖砌墙体的检验标准应符合现行国家标准《砌体结构工程施工质量验收规范》GB 50203 中的有关要求。

表6.2.6 透水沥青混合料面层允许偏差

项目		允许偏差	检验频率			检验方法
			范围(m)	点数		
纵断高程(mm)		±15	20	1		用水准仪测量
中线偏位(mm)		≤20	100	1		用经纬仪测量
平整度(mm)	标准差σ值	≤1.5	100	路宽(m)	<9	1	用测平仪检测
				9~15	2	
				>15	3	
	最大间隙	≤5	20	路宽(m)	<9	1	用3m直尺和塞尺连续量取两尺,取最大值
				9~15	2	
				>15	3	
宽度(mm)		不小于设计值	40	1		用钢尺量
横坡(%)		±0.3且不反坡	20	路宽(m)	<9	2	用水准仪测量
				9~15	4	
				>15	6	
井框与路面高差(mm)		≤5	每座	1		十字法,用直尺和塞尺量,取最大值
抗滑	摩擦系数	符合设计要求	200	1		摆式仪
				全线连续		横向力系数测试车
	构造深度	符合设计要求	200	1		砂铺法
						激光构造深度仪

注:1. 测平仪为全线每车道连续检测每100m计算标准差σ,无测平仪时可采用3m直尺检测,表中检验频率点数为测线数。

2. 平整度、抗滑性能也可采用自动检测设备进行检测。

3. 底基层表面、下面层应按设计规定用量洒泼透层油、黏层油。

4. 中面层、下面层仅进行中线偏移、平整度、宽度、横坡的检测。

5. 十字法检查井框与路面高差,每座检查井均应检查。十字法检查中,以平行于道路中线、过检查井盖中心的直线做基线,另一条线与基线垂直,构成检查用十字线。

主控项目

3 混凝土基础及墙体结构的强度应符合设计要求。

检验数量:同一配合比的混凝土,每工作班每拌制 100 m^3 混凝土为一个验收批,留置 1 组,每组 3 块。

检查方法:混凝土的强度验收应符合现行国家标准《混凝土强度检验评定标准》GB/T 50107 的有关规定。

4 树坑石强度应符合设计要求。

检查数量:每检验批 1 组(3 块)。

检验方法:查出厂检验报告并复验。

一般项目

5 沟槽开挖的允许偏差应符合表 6.2.7-1 的规定。

表 6.2.7-1　沟槽开挖的允许偏差

序号	检查项目	允许偏差(mm)		检查数量		检查方法
				范围	点数	
1	槽底高程	土方	±20	每 30 m	3	用水准仪测量
		石方	+20、−200			
2	槽底中线每侧宽度	不小于设计规定		每 30 m	3	挂中线用钢尺量测
3	沟槽边坡	不陡于设计规定		每 30 m	3	用坡度尺量测,每侧计 3 点

6 连通管和导排管的偏差应符合表 6.2.7-2 的要求。

表 6.2.7-2 连通管及导排管的允许偏差

序号	检查项目	允许偏差（mm）	检查数量		检查方法
			范围	点数	
1	连通管长度	0, +10	每根	1	
2	连通管伸入碎石层长度	±10	每根	1	
3	导排管长度	0, +10	每根	1	
4	导排管伸入碎石层长度	10	每根	1	用钢尺测量
5	连通管中线	±15	每根	1	
6	连通管高程	±15	每根	1	
7	导排管中线	±15	每根	1	
8	导排管高程	±15	每根	1	

7 串联型树池带的栽植土施工应符合设计及现行行业标准《园林绿化工程施工及验收规范》CJJ 82、《绿化种植土壤》CJ/T 340 的要求，栽植土填充高度的允许偏差应符合表 6.2.7-3 的要求。

表 6.2.7-3 栽植土填充高度的允许偏差

检查项目	允许偏差（mm）	检查数量		检查方法
		范围	点数	
栽植土填充高度	0、-20	每 10 m	1	用钢尺测量

6.2.8 绿化带施工应符合下列规定：

主控项目

1 土方基础的压实度应符合设计要求，设计无要求时应不低于 85%（轻型击实）的规定。

检查数量:每 1 000 m² 每层抽检 3 点。

检验方法:环刀法、灌砂法、灌水法。

2 回填材料符合设计要求。

检查数量:条件相同的回填材料,每填筑 1 000 m² 应取样 1次,每次取样至少应做两组测试;回填材料条件变化或来源变化时,应分别取样检测。

检查方法:观察;按照国家有关规范的规定和设计要求进行检查,检查检测报告。

3 土工合成材料的技术质量指标应符合设计要求。

检查数量:按进场批次,每批次按 5%抽检。

检验方法:查出厂检验报告,进场复检。

4 绿化带土基的允许偏差应符合表 6.2.8-1 的规定。

表 6.2.8-1 绿化带土基的允许偏差

项目	允许偏差	检验频率		检验方法
		范围	点数	
基础纵断面高程	±20 mm	两个溢流井之间	3	用水准仪测量
中线每侧宽度	不小于设计值		6	挂中线用钢尺量测,每侧计 3 点
边坡	不陡于设计值		6	用坡度尺量测,每侧计 3 点

一般项目

5 透水性半成品的渗透系数应满足设计要求。

检查数量:按照材料进场批次,每批抽检 1 次。

检查方法:查看检验报告。

6 土工合成材料质量检验实测项目的允许偏差应符合表 6.2.8-2的规定。

表 6.2.8-2　土工合成材料质量检验实测项目的允许偏差

项目	检查项目	允许偏差	检验方法
主控项目	土工合成材料强度（%）	≤5	拉伸试验（结果与设计标准相比）
	土工合成材料延伸率	符合设计要求	拉伸试验（结果与设计标准相比）
一般项目	土工合成材料搭接长度（mm）	+50,0	用钢尺量
	层面平整度（mm）	≤20	用 3 m 靠尺和塞尺连续量取两尺,取较大值
	每层铺设厚度（mm）	±25	水准仪

7　隔水防水工程土工合成材料（土工膜）实测项目的允许偏差应符合表 6.2.8-3 的规定。

表 6.2.8-3　隔水防水工程土工合成材料（土工膜）实测项目的允许偏差

检查项目	允许偏差	检查频率		检验方法
		范围（m）	点数	
下承面平整度（mm）	≤15	20	1	用 3 m 靠尺和塞尺连续量取两尺,取较大值
下承面拱度（%）	±1	20	2	水准仪测量
搭接宽度（mm）	+50,0	抽查 2%		用钢尺量
搭接缝错开距离（mm）	符合设计要求	抽查 2%		用钢尺量
表面保护层厚度	符合设计要求	抽查 2%		用钢尺量或水准仪

8 绿化带内栽植土的质量检验应符合本规程 6.2.8 条第 4 款的规定。

6.2.9 附属设施应符合下列规定：

主控项目

1 所有原材料、预制构件的质量应符合国家相关标准的规定和设计要求。

检查数量：全数检查。

检查方法：检查产品质量合格证明书、各项性能检验报告、进场验收记录。

2 混凝土路缘石强度应符合设计要求。

检查数量：每种每检验批 1 组(3 块)。

检验方法：查出厂检验报告并复验。

一般项目

3 收水设施内抹面应密实、平整,不得有空鼓,裂缝等现象;混凝土无明显一般质量缺陷;井室无明显湿渍现象。

检查数量：全数检查。

检查方法：观察。

4 路缘石应砌筑稳固、砂浆饱满、勾缝密实,外露面清洁,线条顺畅,平缘石不阻水、进水口进水顺畅。

检查数量：全数检查。

检验方法：观察。

5 井内部构造符合设计和水力工艺要求,且部位位置及尺寸正确,无建筑垃圾等杂物。

检查数量：全数检查。

检查方法：逐个观察。

6 井框、井算应完整、无损,安装平稳、牢固;管道应直顺,无倒坡、错口及破损现象,管内清洁、流水通畅,无明显渗水现象。

检查数量：全数观察。

检查方法:逐个观察。

7 溢流井、雨水口、支管的允许偏差应符合表6.2.9的规定:

表6.2.9 溢流井、雨水口、支管的允许偏差

	检查项目	允许偏差（mm）	检查数量		检查方法
			范围	点数	
1	井框、井箅吻合	≤10	每座	1	用钢尺量测较大值（高度、深度宜可用水准仪测量）
2	溢流井、雨水口顶部高程	−10,0			
3	井内尺寸	长、宽:+20,0			
		深:0,−20			
4	井内支管管口底高程	0,−20			

8 蓄水路缘石应进行不漏（渗）水检查。

检查方法:观察。

检查数量:全数。

7 环境保护

7.1 施工前的环境影响调查

7.1.1 施工前应根据现场的实际情况及工程实施内容进行环境影响调查，分析施工行为给环境带来的影响，并制订相应的防控措施，批准后实施。

7.1.2 环境影响调查应涵盖施工行为对周围大气、水体的影响，以及施工产生的噪声及废渣对周围环境的影响。

7.1.3 施工前应统筹考虑施工临时占地问题，通过优化场地利用，减少场地占用。

7.2 施工过程中的环境保护

7.2.1 施工中宜优先使用先进施工技术、环保材料及先进机械设备。

7.2.2 施工现场宜配备环境管理人员进行环境管理。

7.2.3 施工前应使用蓝色铁皮围挡对施工现场进行封闭，使施工现场与周围环境隔离，城区主要路段封闭用围挡高度不低于 2.5 m，其他路段封闭围挡高度不低于 1.8 m。

7.2.4 围挡上方应安装可控的喷雾降尘设施，喷嘴间距以围挡上方能形成连续雾障为宜。

7.2.5 施工现场内的主要路面应进行干化处理。

7.2.6 施工所用易扬尘材料应及时全部覆盖严密。

7.2.7 施工现场进出大门处应设置洗车池，车辆的车轮及车身应冲洗干净后方可进出。

7.2.8 施工过程产生的废渣应集中覆盖存放,由具有相应资质的运输单位统一外运,外运时运输车辆应严密覆盖。

7.2.9 4级风以上天气应暂停所有土方作业,并对现场覆盖物进行检查加固。

7.2.10 降水施工时,抽取的地下水应通过管道设施有组织排放,禁止随意乱排。

7.2.11 施工废水及生活污水应有组织排放,施工产生的泥水应沉淀后排放。

7.2.12 施工产生的泥浆严禁随意倾倒。

7.2.13 施工过程中对产生噪声的施工部位或工序,宜采用相应设备降低噪声,或在相应范围设置隔音设施阻断噪声传播。

8 安全施工

8.1 安全施工组织

8.1.1 施工前应针对项目成立安全施工领导小组,对安全施工进行组织管理。

8.1.2 项目安全施工领导小组成员宜包含企业安全管理专业人员、项目负责人、项目安全管理专职人员及其他部门或岗位的相关人员。

8.2 危险源调查

8.2.1 施工前应结合项目实际情况及现场环境分析、确定危险源。

8.2.2 危险源的调查应涵盖现场环境、施工操作、机械设备、临时用电、交通安全、饮食卫生及其他施工涉及方面。

8.3 施工过程中的安全管理

8.3.1 施工前应根据施工中的危险源制订安全生产技术措施及应急预案,经审批后实施。

8.3.2 施工现场应根据要求配置专职安全生产管理人员。

8.3.3 施工作业前,应向施工操作人员进行安全技术交底,接受交底人员应签字确认。

8.3.4 施工现场应配备专职电工,临时施工用电设施由专职电工统一管理。

8.3.5 施工现场应根据工程具体情况按要求悬挂张贴安全警示

标志。

8.3.6 施工过程中,挖掘机、装载机、大型运输车辆、发电机等大型机械设备及其辅助机械(具)的操作应符合相关安全操作规程。

8.3.7 施工现场消防设施应按国家现行相关规范和经审批的方案进行布设,并应组织消防演习。

8.3.8 城市径流雨水行泄通道及易发生内涝的道路、下沉式立交桥区等区域的低影响开发雨水调蓄设施,应配建警示标志及必要的预警系统,避免对公共安全造成危害。

8.3.9 下沉式绿化带在以下区域时,应采取必要的措施防止次生灾害或地下水污染的发生:

    1 湿陷性黄土、膨胀土和高含盐土等特殊土壤地质区域。

    2 使用频率较高的商业停车场、汽车回收及维修点、加油站及码头等径流污染严重的区域。

附录 A　年径流总量控制率与
设计降雨强度的关系

　　城市年径流总量控制率对应的设计降雨量值的确定,是通过统计学方法获得的。根据中国气象科学数据共享服务网中国地面国际交换站气候资料数据,选取至少近 30 年(反映长期的降雨规律和近年气候的变化)日降雨(不包括降雪)资料,扣除小于等于 2 mm 的降雨事件的降雨量,将降雨量日值按雨量由小到大进行排序,统计小于某一降雨量的降雨总量(小于该降雨量的按真实雨量计算出降雨总量,大于该降雨量的按该降雨量计算出降雨总量,两者累计总和)在总降雨量中的比率,此比率(即年径流总量控制率)对应的降雨量(日值)即为设计降雨量。

　　设计降雨量是各城市实施年径流总量控制的专有量值,考虑我省不同城市的降雨分布特征不同,各城市的设计降雨量值应单独推求。附表 A 给出河南省部分城市年径流总量控制率对应的设计降雨量值(依据近 30 年降雨资料计算,仅供参考,具体数据以当地海绵城市设计导则为准),其他城市的设计降雨量值可根据以上计算方法获得;资料缺乏时,可根据当地长期降雨规律和近年气候的变化,参照与其长期降雨规律相近的城市的设计降雨量值。

附表 A 河南省部分城市年径流总量控制率对应的设计降雨量值

城市	不同年径流总量控制率（%）对应的设计降雨量（mm）				
	60	70	75	80	85
郑州	13.40	18.57	22.00	26.45	34.30
焦作	12.80	17.70	21.00	25.20	31.00
安阳	14.40	20.40	24.20	29.00	35.70
鹤壁	19.80	22.20	26.50	31.40	36.00
三门峡	11.60	13.48	14.71	18.44	22.18
许昌	14.90	20.70	24.40	29.30	36.30
濮阳	14.90	20.50	24.20	28.90	35.30

附录 B 径流系数

附表 B 径流系数

汇水面种类		雨量径流系数 φ	流量径流系数 ψ
混凝土或沥青路面及广场		0.80~0.90	0.85~0.95
大块石等铺砌路面及广场		0.50~0.60	0.55~0.65
沥青表面处理的碎石路面及广场		0.45~0.55	0.55~0.65
级配碎石路面及广场		0.40	0.40~0.50
非铺砌的土路面		0.30	0.25~0.35
绿地		0.15	0.10~0.20
水面		1.00	1.00
地下建筑覆土绿地	覆土厚度 ≥500 mm	0.15	0.25
	覆土厚度 <500 mm	0.30~0.40	0.40
透水铺装地面		0.08~0.45	0.08~0.45
下沉式广场(50年及以上一遇)		—	0.85~1.00

附录 C 城镇控水防尘海绵型道路低影响开发设计示意图

附 C-1 单幅路

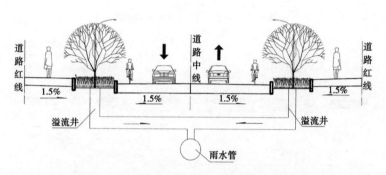

附图 C-1 单幅路低影响开发设计横断面示意图(一)

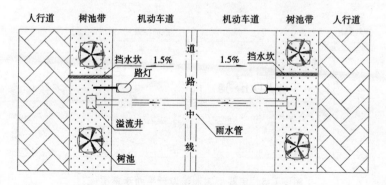

附图 C-2 串联型树池带设计平面示意图(一)

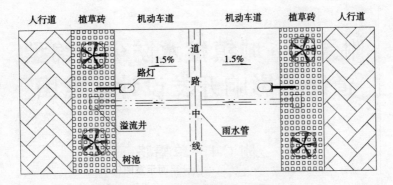

附图C-3 植草砖设计平面示意图(一)

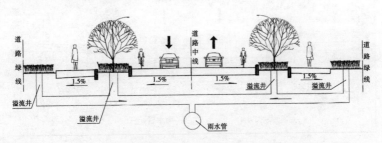

附图C-4 单幅路低影响开发设计横断面示意图(二)

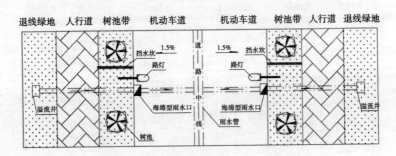

附图C-5 串联型树池带设计平面示意图(二)

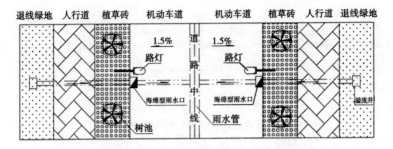

附图 C-6　植草砖设计平面示意图(二)

附 C-2　两幅路

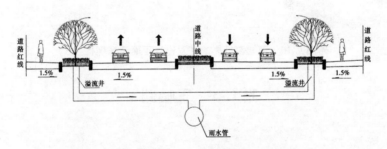

附图 C-7　两幅路低影响开发设计横断面示意图(一)

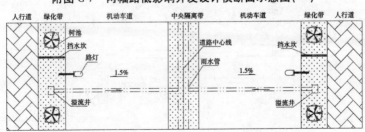

附图 C-8　两幅路低影响开发设计平面示意图(一)

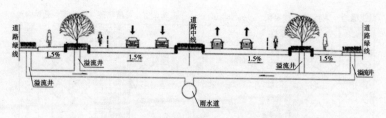

附图 C-9　两幅路低影响开发设计横断面示意图(二)

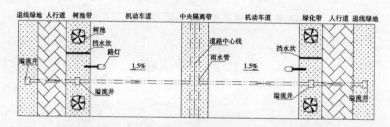

附图 C-10　两幅路低影响开发设计平面示意图(二)

附 C-3　三幅路

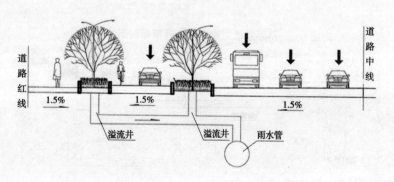

附图 C-11　三幅路低影响开发设计横断面示意图(一)

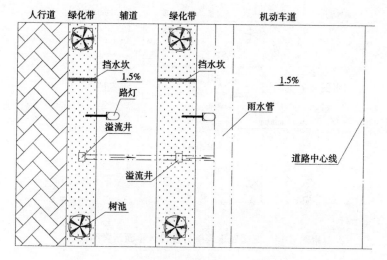

附图 C-12　三幅路低影响开发设计平面示意图(一)

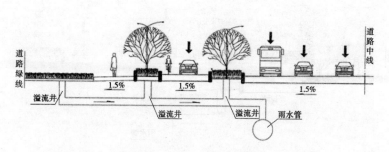

附图 C-13　三幅路低影响开发设计横断面示意图(二)

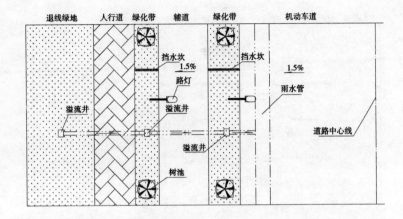

退线绿地　　人行道　绿化带　辅道　　绿化带　　　机动车道

挡水坎
1.5%
路灯
溢流井
溢流井
溢流井
树池
溢流井
挡水坎
1.5%
雨水管
道路中心线

附图 C-14　三幅路低影响开发设计平面示意图(二)

附 C-4　四幅路

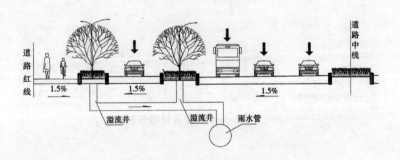

道路红线
1.5%
1.5%
溢流井
溢流井
雨水管
1.5%
道路中线

附图 C-15　四幅路低影响开发设计横断面示意图(一)

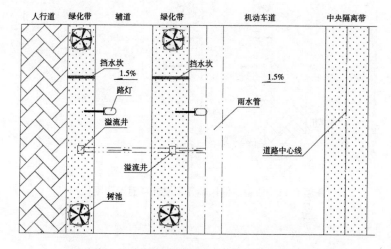

附图 C-16 四幅路低影响开发设计平面示意图(一)

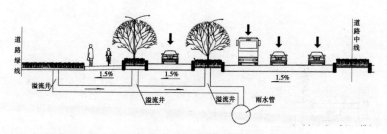

附图 C-17 四幅路低影响开发设计横断面示意图(二)

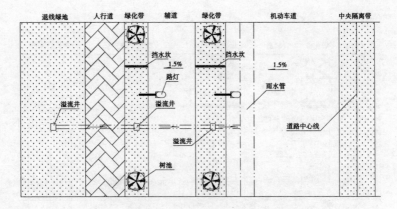

附图 C-18 四幅路低影响开发设计平面示意图(二)

本规程用词说明

1 为便于在执行本规程条文时区别对待,对要求严格程度不同的用词说明如下:

1)表示很严格,非这样做不可的:

正面词采用"必须",反面词采用"严禁"。

2)表示严格,在正常情况下均应这样做的:

正面词采用"应",反面词采用"不应"或"不得"。

3)表示允许稍有选择,在条件许可时首先这样做的:

正面词采用"宜",反面词采用"不宜"。

4)表示有选择,在一定条件下可以这样做的,可采用"可"。

2 条文中指明应按其他有关标准执行的写法为:"应符合……的规定"或"应按……执行"。

引用标准名录

1　《室外排水设计规范》GB 50014
2　《混凝土强度检验评定标准》GB/T 50107
3　《给水排水构筑物工程施工及验收规范》GB 50141
4　《砌体结构工程施工质量验收规范》GB 50203
5　《给水排水管道工程施工及验收规范》GB 50268
6　《城市绿地设计规范》GB 50420
7　《混凝土结构工程施工规范》GB 50666
8　《砌体结构工程施工规范》GB 50924
9　《城镇道路工程施工与质量验收规范》CJJ 1
10　《城市道路工程设计规范》CJJ 37
11　《园林绿化工程施工及验收规范》CJJ 82
12　《透水水泥混凝土路面技术规程》CJJ/T 135
13　《透水砖路面技术规程》CJJ/T 188
14　《透水沥青路面技术规程》CJJ/T 190
15　《混凝土路缘石》JC 899
16　《公路沥青路面施工技术规范》JTG F40
17　《绿化种植土壤》CJ/T 340
18　《公路工程土工合成材料 防水材料》JT/T 664
19　《公路土工合成材料应用技术规范》JTG/T D32

河南省城镇控水防尘海绵型道路技术规程

DBJ41/T 164—2016

条 文 说 明

制定说明

《河南省城镇控水防尘海绵型道路技术规程》DBJ41/T 164—
2016 经河南省住房和城乡建设厅 2016 年 12 月 12 日以豫建设标
〔2016〕82 号的公告批准发布。

本规程制定过程中,编制组调查研究了河南省城镇控水防尘
海绵型道路的设计和施工现状,收集了河南省城镇控水防尘海绵
型道路实践经验,同时参考了国内、国外的先进技术及标准,总结
出了河南省城镇控水防尘海绵型道路构建的基本原则,以城镇道
路低影响开发规划控制目标为依据,明确了城镇控水防尘海绵型
道路工程设计、施工及验收过程的内容、要求和方法。

为便于广大设计、施工、科研、学校等单位有关人员在使用本
规程时能正确理解和执行条文规定,《河南省城镇控水防尘海绵
型道路技术规程》编制组按章、节、条、款、目顺序,编制了本规程
的条文说明,对条文规定的目的、依据以及执行中需要注意的有关
事项进行了说明。需要说明的是,本条文说明不具备与标准正文
同等的法律效力,仅供使用者作为理解和把握标准规定的参考。

目　　次

1 总 则

1.0.1 为贯彻落实省委、省政府关于坚决打赢全省大气污染防治攻坚战决策部署和全省大气污染防治攻坚战动员会议精神以及推行《河南省人民政府办公厅关于推进海绵城市建设的实施意见》中关于海绵型道路设计理念,制定本规程。

1.0.2 因快速路车速过高,对道路基层要求高,故本规程不宜用于快速路的设计、施工及验收。

2   术语和符号

本章给出的术语及符号,是本规程有关章节中所引用的。

在编写本章术语时,参考了《道路工程术语标准》GBJ 124、《建筑工程施工质量验收统一标准》GB 50300 等国家标准和行业标准及《海绵城市建设技术指南》的相关术语。

本规程的术语是从本规程的角度赋予其含义的,但含义不一定是术语的定义。同时还分别给出了相应的推荐性英文。

3 基本规定

3.0.6 道路横断面设计应优化道路横坡坡向、路面与道路绿化带及周边绿地的竖向关系,便于路面雨水汇入低影响开发设施内。低影响开发设施应通过溢流设施与城市雨水管渠系统相衔接,保证上下游排水系统的顺畅。

3.0.7 海绵型道路低影响开发设施的选择应满足年径流总量控制率的要求,年径流总量控制率以当地海绵城市设计标准中规定值为依据。径流总量控制途径包括雨水的下渗减排和直接积蓄利用。缺水地区可结合实际情况制订基于集蓄利用的雨水资源化利用目标。

3.0.9 人行道应采用透水铺装结构,人行道路面雨水宜优先下渗进入路基补充地下水资源;大雨或暴雨时人行道未能及时下渗或下渗达到饱和状态时,人行道路面多余的雨水则漫流汇入海绵型生态树池等其他邻近低影响开发设施内。

4 设 计

4.1 一般规定

4.1.1 城镇道路范围内采用的低影响开发设施主要包括透水铺装、海绵型生态树池、下沉式绿地、下沉式生物滞留带、海绵型雨水口、沉淀池、溢流设施、立箅式进水侧石等,根据道路横断面布局、市政管线的布置等条件组合设置。若在道路绿地中设置低影响开发设施,需根据当地降雨和地质条件并结合当地年径流总量控制目标计算设施的具体尺寸。同时不同类型的设施从构造上对绿地的宽度有不同要求,因此需要针对不同宽度的绿地,根据实际情况计算低影响开发设施的尺寸。

绿地内设置的低影响开发设施在平面上应避开绿地内其他构筑物,如树木、灯杆等。由于下沉式绿地具有蓄水、滞水、排水等功能,大雨及暴雨时绿地内汇水量大,水位升高,将影响绿地内其他构筑物的安全,因此应根据构筑物的防潮、防水等要求采取必要的措施,尤其是电气类设施。

4.1.3 城镇道路绿化带内低影响开发设施邻近路基侧应采取必要的防渗措施,防止雨水下渗对路基的强度和稳定性造成破坏。防渗可采取复合土工膜、SBS 卷材土工布等措施。

4.2 横断面设计

4.2.1 透水铺装路面雨水宜优先下渗补充地下水资源。当项目所在地区路基处于湿陷性黄土、盐渍土、膨胀土等区域时,应采用半透水铺装结构,并在基层或底基层等不透水层上部设置防渗、导流设施,将下渗的雨水引导汇入道路排水系统,保证道路的功能性要求。全透水结构和半透水结构的路面结构设计应满足国家行业标准《透水砖路面技术规程》CJJ/T 188 及《透水水泥混凝土路面技术规程》CJJ/T 135 等的相关规定。

4.2.2 本条第 3 款第 2)目人行道横坡应坡向海绵型生态树池,使人行道路面雨水未能及时下渗或下渗饱和时多余雨水漫流至生态树池下渗;车行道应优化横断面坡向,使雨水能够通过海绵型雨水口或其他方式汇入树池带结构内积存、渗透、调蓄。

本条第 3 款第 3)目树池之间设置连通管,将两个树池间区域连通,提高蓄水能力;考虑到碎石层的孔隙较大,为避免水流速过快,本规程规定除雨水口上游紧邻第一个树池外,其余树池间都设置连通管,使之形成一个调蓄单元。

本条第 3 款第 4)目路基与碎石层接合处应铺设防渗膜,防止雨水渗透路基,破坏路基强度和稳定性。防渗膜可采用两布一膜形式,膜厚 0.3 mm,耐净水压值不小于 0.6 MPa,并应满足相关规范规程要求。

本条第 4 款第 3)目说明海绵型雨水口主要应用于生态树池结构设计。海绵型雨水口由传统雨水口和暗井两部分组成:传统雨水口的主要作用是收集路面雨水,并通过雨水口侧壁铺设的导排管将雨水排入生态树池带内部蓄存;暗井的作用是将超过传统雨水口排放能力的雨水排入市政雨水系统,暗井井盖为密封不透水结构。

暗井与传统雨水口间设溢流管和弃流管,溢流管管底高于导排管管顶,弃流管设置在井底。初期雨水通过弃流管弃流入暗井内,超过传统雨水口排放能力的雨水溢流入暗井内,排入市政雨水系统。

本条第 4 款 4)~6)目规定路面雨水应优先汇流入雨水口内,雨水口内储存的雨水经雨水口侧壁铺设的若干导排管引流入碎石层内调蓄、渗透;为防止初期较脏的雨水进入碎石层内造成系统堵塞,在传统雨水口底部设置弃流管,将初期较脏的雨水弃流入暗井内。

弃流管泄水能力应小于导排管排水能力,将雨水优先引流入碎石层内,因此弃流管管径宜为 30~50 mm,导排管管径宜为 80~120 mm。导排管可设置单排或多排形式,单排时可设置大管径导排管,并根据雨水口尺寸确定铺设数量,满足排水要求;多排时最下面一排管底距雨水口底部不小于 300 mm,避免雨水口内沉淀的杂物进入碎石层内造成堵塞。导排管伸入碎石层内长度不小于 350 mm,能够将雨水在碎石层内分布均匀,提高排水能力。

溢流管将超过雨水口排水能力的雨水溢流入暗井内排入市政雨水系统。溢流管设置在雨水口侧壁靠上,管底距雨水口底部不小于 550 mm,保证雨水优先通过导排管排入碎石层。

本条第 4 款第 7)目规定海绵型雨水口可根据雨水口箅数分为单箅、双箅或多箅等形式。单箅及双箅海绵型雨水口暗井设置在传统雨水口下游,四箅或多箅海绵型雨水口的暗井设置在传统雨水口中部或根据排水形式合理选择,满足暗井排水功能。海绵型雨水口的箅数还应符合现行国家标准《室外排水设计规范》GB 50014 中的相关规定。雨水口的形式、数量和布置应按汇水面积所产生的径流量、雨水口的泄水能力和道路形式确定。

本条第 5 款第 2)目低于周边人行道路面 10 mm 是为了便于雨水汇流。

本条第 6 款第 2)目绿地下面设置碎石层,绿地与碎石层间设置复合土工隔膜,防止绿地内土壤进入碎石层中形成黏结碎石,影响下渗效果。

4.2.3 本条第 4 款中的边绿化带的设计按本规程 4.3.4 条执行,中央绿化带按本规程 4.3.5 条执行。

4.3　主要节点设计

4.3.2　本条第4款说明全透水水泥混凝土路面结构设计时应考虑路面下排水。路面下排水可设排水盲沟(管),排水盲沟(管)应与道路周边低影响开发设施相连,将路面下渗雨水排入低影响开发设施内。

4.3.4　本条第1款下沉式绿地指低于周边硬化地面或低于道路路面在200 mm以内的绿地;下沉式生物滞留带是下沉式绿地的一种,下沉式生物滞留带具有一定的调蓄容积,且可用于调蓄和净化径流雨水,滞留带平面低于周边道路路面100~200 mm。

　　本条第3款解释多余雨水的取向,下沉式生物滞留带通过滞留带内植物、土壤和微生物系统综合作用对径流雨水进行渗、滞、蓄、净等处理。

　　本条第4款解释换土层的要求,当原土渗透性弱时,可采用渗透性强的介质换填原土;当滞留带下渗雨水有水质要求时,应采用具有净化效果的换填层。根据高校试验研究,换填可选用粗砂、矿渣、粉煤灰、无烟煤、活性炭、陶粒等材料与有机质搭配,既满足出水水质要求,又能达到植物生长所需原料。试验发现:85%的粗砂、10%的原土及5%的有机质搭配具有较好的出水水质效果。应根据项目实际情况选择换填材料,满足出水水质要求。

4.3.5　本条第1款说明降落到绿地内的雨水通过渗、滞、蓄等措施消纳不外排,减少绿地内泥土外溢,切断道路扬尘来源。可以做反坡,此时绿化带具备接收路面排水的能力,具体做法参考边绿化带。

　　本条第3款说明岛式绿化带主要收集自身断面范围的雨水,不接收周边路面的排水。

4.3.6　本条第2款设置在上游是为了提升收水效果。

　　本条第3款设置防冲刷消能设施的作用是防止雨水对绿地环

境造成破环,并防止产生噪声及导致侧石失稳。

4.3.7 本条说明低影响开发设施内应设置溢流设施与城镇雨水系统连接,将多余的雨水溢流排入城镇雨水系统。溢流井适用于宽度不小于 2.0 m 的低影响开发设施。溢流井宜采用混凝土结构,溢流井顶应低于周边铺砌路面不小于 50 mm,溢流井内应设截污挂篮,拦截雨水中的杂物,避免造成雨水系统堵塞。溢流竖管适用于绿地规划横断面宽度小于 2.0 m。溢流竖管可采用钢筋混凝土管或其他排水管材。溢流管顶应低于周边铺砌路面不小于 50 mm,管顶应采取截污措施。

5 施 工

5.1 一般规定

5.1.3 透水道路对路基有特殊要求,要求路基具有相应的透水性及稳定性,因此在施工前应对路基土进行相关取样试验,确保施工效果满足设计要求。

5.2 路基、垫层

5.2.1 本条第3款对透水道路而言,当路基土不稳定时,水进入路基宜引起翻浆、唧泥等状况,当为湿陷性地基时还容易引起塌陷,故透水道路路基处理极为重要,必须要求路基稳定,必要时应对路基进行置换。

5.2.2 本条第3款垫层设置主要是为了防止地下水上升对结构产生不良影响,因此对有必要设置垫层的部位,垫层铺设必须均匀、完全覆盖路基。

5.3 基 层

5.3.6 本条第4款水泥稳定碎石的凝结依靠水泥的凝结来完成,当水泥开始凝结后,如果还采取摊铺措施,会使混合料硬化后所达到的强度和干密度受到不同程度的损失,因此最好在混合料中的水泥初凝前完成碾压。

5.4 找平层、透水砖面层施工

5.4.1 本条第2款对于透水性道路来讲,每个结构层的透水性都很重要,找平层也应具有良好的透水性,为此其材料质量及实际配比应符合相关要求,拌制干硬性水泥砂浆时应保证其干硬性,拌和后以手握成团,距地面1m高处自由落地后自然松散为宜。

5.4.2 本条第2款提出一方面规定施工操作的方法和要求,另一方面强调如果在新铺设的透水砖路面上拌和砂浆或堆放材料,不仅会影响施工现场的美观、整洁,更有可能直接导致透水砖的透水性能衰减,影响路面渗水,施工时应注意避免。

5.5 透水沥青面层

5.5.3 由于每个工程的现实条件不一样,相应的工作参数因此有所不同,铺筑试验路段就是为了确定工程实施所适用的拌和温度、拌和时间,验证矿料级配和沥青用量,并确定摊铺温度、速度、厚度与松铺系数,进而确定压实温度、压路机类型、压实工艺及压实遍数,从而保证施工质量。

5.6 透水水泥混凝土面层

5.6.5 本条指出传统混凝土振捣所采用的插入式振捣棒会使混凝土拌和物中的气体排出、集料下沉、易导致拌和物中的空隙结构大量消失,混凝土丧失设计透水能力。因此,透水混凝土的振捣宜采用平整压实机,或采用低频平板振动器和滚杠滚压。振捣时间小于10 s也是为了确保所浇筑的透水混凝土达到设计透水能力。

5.6.6 本条指出透水混凝土不同于一般混凝土,透水水泥混凝土表面为水泥浆包裹的细石颗粒,而非水泥砂浆,人工收面难度较大,不宜控制收面质量,使用具有一定"力度"的抹平机械,能有效控制抹面施工质量。

5.7 绿化带

5.7.1 本条第1款主要针对本规程中涉及的边绿化带、中央绿化带、下沉式绿地、下沉式生物滞留带的施工。考虑到下沉式绿化带的两种做法:简易式下沉式绿地,复杂式生物滞留带。其结构不同,开挖深度差别较大,当挖方深度位于路床以上时,下沉式绿地的土方应随路床一起开挖;当挖方深度位于路床以下时,应在路床施工时对路床以下部分进行开挖施工,边坡应严格按照设计要求进行放坡开挖。其坡度宜为 0.3% ~ 0.5%。

5.7.2 本条第 1 款防渗隔离层若设置不当,会引起新的路基病害,因此对防渗隔离层提出较详细的要求。绿化带、排水结构等防渗,主要防止水分渗入路基,造成路基强度降低,所以在防渗材料选择上,从经验效果来看单纯的土工织物容易受施工和填料的影响造成损坏,需要设置垫层和保护层。

5.7.3 本条第 4 款荷载、渗流、被保护土质情况等均会对土工织物的过滤性能产生影响。挡土和透水是一对矛盾,土工织物的选择是在挡土和透水之间寻求合理的平衡,根据材料的应用场合和所起的主要作用有所侧重。用于包裹碎石盲沟、渗沟的土工织物、处治翻浆冒泥和季节性冻土的土工织物、支挡结构物壁墙后等处的土工织物,以及复合排水材料外包的土工织物等,应按过滤设计要求进行选择。具体做法详见《公路土工合成材料应用技术规范》JTG/T D32 的要求。

5.8 海绵型生态树池

5.8.2 本条的提出是因为植草砖部分的施工往往在道路基础施工成型后开始,加之植草砖结构树池施工挖出土方后基本不需土方回填,挖出的土方若在现场堆放易使道路基础受到污染,影响施工质量及道路透水能力。

5.9 附属设施

5.9.1 本条第 10 款由于后靠背在施工过程中易引起路缘石偏

位,当路缘石灌缝后,整体强度上升,此时浇筑后靠背,能够有效避免偏位从而保证路缘石的直顺度,故规定此条。

5.9.2 本条第 5 款由于雨水口、暗井在使用过程中经常出现堵塞,为方便清淤,结合日常雨水口的维护以及《市政排水管道工程及附属设施》06MS201 的要求,本规程规定雨水口、暗井的深度不宜超过 1.0 m。

5.9.3 本条设置挡水堰是为了在道路纵坡大于 1% 时缓解绿化带内水流速度过快,并起到分段存水、蓄水的作用,挡水堰的形式可采用路缘石、堆土、碎石带、人行道面砖等结构,可根据现场情况进行设计、施工,但应保证挡水堰受到雨水冲刷后不出现移位、变形。

6 验 收

6.1 一般规定

6.1.1 本条对海绵型城镇道路工程分部(子分部)工程及相应的分项工程做了原则规定及划分。道路工程特点不同,分项工程的数量、内容会有所不同。因此,工程开工前,施工单位宜会同建设单位、监理工程师做具体划定,并形成文件,作为工程检查验收依据。

7　环境保护

7.1　施工前的环境影响调查

7.1.1　本条指出施工前应对施工造成的环境影响进行调查、确定,只有先调查、确定环境影响,才能在施工时提前制订并实施控制环境影响的措施,确保环境保护效果。

7.1.2　本条指出了环境影响调查时所应包含的几个方面,在调查时均应涵盖到。

7.2　施工过程中的环境保护

7.2.3~7.2.9　这几条强调施工扬尘的控制。随着社会的发展,人们认识的提高,人们对生活、工作的环境要求越来越高,社会对扬尘控制越发关注,本条的提出是为适应社会发展,从施工的角度对扬尘进行源头控制。施工现场内的主要道路所采取的干化措施可以是混凝土硬化、砌块铺装硬化、铺设碎石硬化以及其他能有效防止扬尘产生的技术措施。

8 安全施工

8.1 安全施工组织

8.1.1~8.1.2 强调了安全施工领导小组对安全施工管理的重要作用以及安全施工领导小组的组成要求。

8.2 危险源调查

8.2.1~8.2.2 这两条规定应在施工前分析确定施工现场及施工过程中的危险源以及分析确定危险源时应涵盖的几个方面,只有根据存在的危险源提前制订并实施管理措施,才能有效避免安全事故的发生。

8.3 施工过程中的安全管理

8.3.8 由于海绵城市型道路中,下沉式绿化带的下沉深度相对于路缘石可以达到 400~600 mm,一旦下雨后的积水深度也将达到 400~600 mm,同时绿化带内的溢流井、沉淀池等均属于下沉设施,为保证安全以及下雨过程中的排涝疏导,所有的海绵城镇道路中的低影响开发设施的重要节点位置,应设置警示标识和报警系统,配备应急设施及专职管理人员,保证暴雨期间人员的安全撤离,避免安全事故的发生。

8.3.9 本条第 1 款针对膨胀土、湿陷性黄土、存在滑坡危害等区域,一旦受到低影响开发设施的雨水浸泡后,将出现严重的次生灾害,因此要求在上述区域进行海绵型城镇道路低影响开发设施施工时,应采取措施进行局部土体换填或者防渗设计,将道路中低影响开发设施收集的雨水及时排走,避免下渗产生二次灾害。

本条第 2 款针对严重污染源地区(地面易累积污染物的化工厂、制药厂、金属冶炼加工厂、传染病医院、油气库、加油加气站等)、水源保护地等特殊区域如需开展低影响开发建设的,除适用本规程外,还应开展环境影响评价,避免对地下水和水源地造成污染。同时严禁向雨水收集口和低影响开发雨水设施内倾倒垃圾、生活污水和工业废水,严禁将城市污水管网接入低影响开发设施。